长江经济带城市环境可持续性政策研究
——影响因素及实施成效

海骏娇◎著

RESEARCH ON INFLUENCE MECHANISM AND EFFECTIVENESS OF
LOCAL GOVERNMENT'S COMMITMENTS TO
ENVIRONMENTAL SUSTAINABILITY:
EVIDENCE FROM CITIES IN YANGTZE ECONOMIC ZONE, CHINA

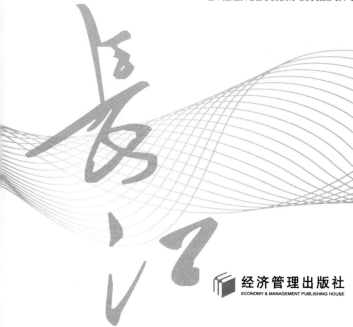

经济管理出版社
ECONOMY & MANAGEMENT PUBLISHING HOUSE

图书在版编目（CIP）数据

长江经济带城市环境可持续性政策研究：影响因素及实施成效/海骏娇著 . —北京：经济管理出版社，2023.9

ISBN 978-7-5096-9303-2

Ⅰ.①长…　Ⅱ.①海…　Ⅲ.①长江经济带—生态城市—环境规划—研究—中国—2022　Ⅳ.①X321.25

中国国家版本馆 CIP 数据核字（2023）第 183973 号

组稿编辑：曹　靖
责任编辑：郭　飞
责任印制：黄章平
责任校对：蔡晓臻

出版发行：经济管理出版社
　　　　　（北京市海淀区北蜂窝 8 号中雅大厦 A 座 11 层　100038）
网　　址：www.E-mp.com.cn
电　　话：（010）51915602
印　　刷：唐山玺诚印务有限公司
经　　销：新华书店
开　　本：720mm×1000mm/16
印　　张：11.75
字　　数：168 千字
版　　次：2023 年 11 月第 1 版　　2023 年 11 月第 1 次印刷
书　　号：ISBN 978-7-5096-9303-2
定　　价：88.00 元

前　言

可持续性是指一种可以长久维持的过程或状态。人类社会的持续性由环境可持续性、经济可持续性和社会可持续性三个互为依存的部分组成。环境可持续性旨在解决环境系统与经济系统的冲突，城市环境可持续性政策是城市政府为实现环境可持续性目标所制定的一系列计划和措施。

随着全球城市化的快速发展、城市地位的上升，越来越多的学者开始关注城市环境可持续性政策问题，并就以下两个问题展开讨论：第一，城市政府在环境可持续发展进程中的地位如何？以英国赫尔大学经济地理学教授David Gibbs 和美国佛罗里达州立大学公共政策学院教授 Richard Feiock 等为代表的主流观点认为，基于利益集团规制理论和后福特主义社会规制的特征，城市政府是环境治理体系的主导者，地方利益群体、地方自然环境和经济基础决定了城市政府出台环境政策的积极性和执行力度。但这一作用机制却存在两方面的弊端，一方面，城市政府作为个人效用最大化的追求者很难有效处理环境质量优化这一公共利益问题；另一方面，环境问题的跨域性导致城市政府逃避责任且无能为力。因此，应该将中央政府纳入城市环境治理体系进行考察，这对于城市环境政策的推动作用可能是举足轻重的。第二，城市环境可持续性政策对城市经济发展和环境质量的影响如何？"成本假说"认为，环境可持续性政策会增加企业成本，对实物资本的积累产生挤出效应，从而制约经济增长。而"波特假说"（Porter Hypothesis）认为，环境政策并非必然妨碍竞争优势，反而可能提高竞争力。然而，波特假说只在一定前提条件下成立，城市环境可持续性政策的成效取决于城市所处的经济发展阶段和环境可持续性政策的具体属性。也就是说，对于波特假说，不能采用单一的线性模型，需要区分不同情况进行深入研究。

为此，本书从以下三个角度建立研究基础：第一，梳理研究文献。利用社会网络主路径分析技术，基于 Pajek 软件和 Python 语言，对城市环境可持续性政策文献进行引文网络分析，识别出该领域研究发展过程中的重要文献，对环境可持续性政策的实施现状、治理结构、驱动因素和成效评价等研究进行梳理。第二，进行政策分类。基于环境可持续性政策治理目标的多元性，提出城市环境可持续性政策分类体系与方案，并将其划分为宜居环境政策、绿色经济政策、生态社会政策三类，从而构建政策驱动因素和实施效果的分析框架。第三，建立数据基础。利用文本分析法的开放性译码，通过政策文本分析实现城市环境可持续性政策执行情况的定量化，形成城市环境可持续性政策数据库。

在此基础上，本书针对两个研究问题建立理论框架：第一，建立城市环境可持续性政策驱动因子模型，定量分析中央政策导向、基层环保意愿、地方环境基础对城市环境政策与行动的影响，明确城市政府在环境治理体系中的地位和作用。第二，建立城市环境可持续性政策成效评估门槛回归模型，借助 R 语言平台，厘清不同发展阶段的城市实施各类政策的成效，检验波特假说的成立条件，并以长江经济带 110 个城市为样本进行实证检验。

本书共分七章。第一章基于区域经济学视角，从不同维度论述了城市环境可持续性政策研究的理论背景和现实意义。强调了随着环境可持续性理论和实践的演进，城市逐渐成为推进环境可持续发展的最佳场所；在探索城市环境可持续发展的进程中，城市政府的可选政策手段愈加多样，治理过程的利益权衡愈加复杂，因此在施政过程中有的放矢的困难性日益提升。

第二章为城市环境可持续性政策的研究现状述评。以文献计量分析法作为综述研究的基础，利用社会网络主路径分析技术，基于 Pajek 软件和 Python 语言，对城市环境可持续性政策文献进行引文关系分析，识别出对于该领域研究具有重要价值的主路径文献。根据主路径文献的特征，指出城市环境可持续性政策的实施现状、治理结构、驱动因素和成效评价是其中的重点研究领域，并对这些领域进行综述分析。

第三章为城市环境可持续性政策的理论分析。基于利益集团规制理论的研究视角，建立影响城市政府环境可持续性政策执行力度的理论分析框架，分析影响政策出台的驱动因子，从而探讨城市政府在环境治理体系中的地位。在波特假说、区域环境压力理论、经济发展阶段理论的基础上，建立不同经济发展阶段城市环境可持续性政策的经济成效门槛模型和环境成效门槛模型，探讨环境可持续性政策的成效是否受到城市经济发展阶段的影响，重点探究波特假说成立的条件。此外，对环境可持续性的内涵作出界定，并基于施政目标对城市环境可持续性政策进行分类。

第四章评估了城市环境可持续性政策的执行力度（出台情况）。城市环境可持续性政策的功能具有多样性，以治理目标为依据，将城市环境可持续性政策分为宜居环境政策、绿色经济政策、生态社会政策三类，不同目标的政策会受到不同驱动因子的影响，也会产生不同的实施效果，从而为其后驱动因子和实施成效的分析提供基础。在实证分析中，以长江经济带各个城市"十三五"规划纲要文本为基础素材，采用内容分析法中的开放性译码，确立城市环境可持续性政策的具体行动措施清单，并根据文本中每项具体政策措施的内容和篇幅，对政策执行力度进行赋值，从政策供给角度获取城市尺度环境可持续性政策出台现状的数据，实现对城市环境可持续性政策出台情况的评估，并为政策的驱动因子和实施成效分析提供扎实的数据基础。

第五章分析了影响城市环境可持续性政策执行力度的驱动因子。以利益集团规制理论为基础，建立影响城市政府环境可持续性政策执行力度的理论分析框架，将影响政策出台的驱动因子分为中央政策导向、基层环保意愿、地方环境基础三个方面，重点探讨城市政府在环境治理体系中是否具有主导性地位。在实证分析中，以长江经济带城市为样本，运用空间计量回归模型，分析不同类型环境可持续性政策的出台受到哪些驱动因子的影响，通过驱动因子的作用效果验证城市政府在环境治理体系中的地位，发现提高城市政府施政积极性的针对性措施。

第六章考察了城市环境可持续性政策的实施成效。在波特假说、区域环境压力理论、经济发展阶段理论的基础上，分别建立城市环境可持续性政策经济成效和环境成效的门槛模型，考察城市经济发展阶段是否显著影响了政策与经济增长和环境保护之间的关系。在实证分析阶段，以长江经济带城市为分析样本，通过门槛回归模型，探索不同类型的环境可持续性政策对经济增长和环境保护有何影响，并以城市经济发展阶段为门槛因子，验证城市发展阶段的差异是否造成了学术界对环境可持续性政策成效的争议，从而对波特假说的论述进行补充。

第七章为城市环境可持续发展提供差异性的政策建议。基于城市发展阶段和对环境可持续性政策的偏重，将长江经济带的城市划分为六类。综合考虑不同类型环境可持续性政策的驱动因子和适用性，为城市因地制宜地执行环境可持续性政策提供现实建议和理论支撑。

感谢笔者的导师——华东师范大学城市发展研究院的曾刚教授，在本书写作过程中给予了诸多指导。在其指导下，笔者有幸参与了《加快推进生态文明建设研究》（国家社科基金重大项目）、《基于生态文明的区域发展模式研究》（国家自然科学基金面上项目）、《研究长三角区域生态系统评价、健康诊断与监管技术》（科技部国家重点研发计划重点专项）等区域生态环境可持续性项目研究和实地调研，得以接触和获取国内外前沿学术思想，为本书撰写提供了宝贵经验。感谢笔者的同门亲友——滕堂伟老师、孔翔老师、胡德老师、司月芳老师、辛晓睿、邹琳、尚勇敏、朱贻文、曹贤忠、宓泽锋、叶雷等，为本书的推进提供了诸多指导与建议。感谢笔者的领导与同事——上海社会科学院王振副院长、杨昕研究员、马双副研究员等，在本书完稿过程中给予了诸多支持和帮助。

城市环境可持续发展是一个复杂的科学命题，以政府政策为核心的治理路径也将继续成为未来一段时期的研究重点，其理论和实践还需要更深入、更细致的探索。本书已经呈现的研究成果只能抛砖引玉，为破解可持续发展的复杂性和多元性提供一种思考。由于时间仓促和经验不足，仍有大量问题没有解决，一些设想也未在书中实现，未来研究仍需继续努力。

"博学之，审问之，慎思之，明辨之，笃行之"，城市环境可持续性政策研究未来可期，城市环境可持续发展未来可期！

海骏娇

2023 年 2 月于上海社会科学院

目　录

第一章　研究背景与研究意义

　　可持续性是指一种可以长久维持的过程或状态。人类社会的持续性由环境可持续性、经济可持续性和社会可持续性三个互为依存的部分组成。城市环境可持续性政策是城市政府为实现环境可持续性目标所执行的一系列行动和措施，城市政府需要权衡多方利益并考察地方环境和经济基础，旨在协调环境保护和经济发展之间的矛盾。

　　随着全球环境问题的日益加剧，实现城市环境可持续性成为 21 世纪面临的最大挑战之一，以城市为主体的环境可持续性研究热度持续增长。从理论视角来看，一方面，研究关注如何加大城市环境可持续性政策的执行力度，即如何提高城市政府对于环境可持续发展的积极性，其中，城市政府在治理体系中的地位成为一个矛盾焦点；另一方面，研究关注如何提高城市环境可持续性政策的实施成效，即实施环境可持续性政策对于城市的经济发展和环境质量产生什么影响，其中，关于波特假说是否成立依旧众说纷纭。从现实背景来看，世界各地的城市政府开展了多种多样的环境可持续发展行动措施，不仅包括末端治理、环境修复等传统政策，还包括发展节能环保产业、提高生态环保创新、建立环境监管平台、促进社会公众参与等相对新兴的政策举措。然而，城市具有不同的区位特征，理应因地制宜选择不同的政策组合，以实现政策效益最大化，这方面系统性的理论支撑相对缺乏。

因此，厘清城市环境可持续性政策出台的驱动因子、明确城市政府在环境治理体系中的地位、发现波特假说成立的一般性条件，具有重要的理论研究价值；在此基础上，从政策周期角度将城市环境可持续性政策出台的推动因素、政策出台情况、政策成效评估进行系统性整合，从而发现不同类型环境可持续性政策的特征和适用性，为不同城市匹配针对性的政策措施和实施路径，在绿色发展如火如荼的今天，具有重要的现实指导意义。

第一节　研究背景

实现环境可持续性是区域发展中面临的最大挑战之一。随着环境可持续性理论和实践的演进，城市逐渐成为推进环境可持续发展的最佳场所，以城市为主体的环境可持续性研究热度也在持续增长（Tan 等，2016）。在探索城市环境可持续发展的进程中，城市政府的行动和地位受到重点关注（Ji，2016；王帅等，2022），因为它是城市"环境—经济"系统中权力最大、掌握资源最多的主体，并且在治理过程中不仅需要权衡来自地方的多个利益相关者，还要考虑来自更高行政级别战略决策的影响，尤其对于政府主导型社会的中国，中央政府环境战略的作用可能是决定性的。在内外多种因素的推动下，各地城市政府绿色发展的积极性不断提高，实施的环境可持续性政策种类越来越丰富，包括从传统的环境修复、末端治理衍生出来的绿色新政、生态公民等新形式。

一、城市是实践环境可持续性的主体空间

实现环境可持续性是全球范围共同面临的重大挑战之一，城市层级的环境可持续发展倡议和行动兴起于 20 世纪末。20 世纪 90 年代以前，可持续发展的倡议很少与城市发展相关联。直至 1990 年，欧盟前身欧共体发布了《城市环境绿皮书》，将城市作为解决全球环境问题的关键对象，开启了欧洲城市环境可持续发展进程（刘长松，2017），也使欧洲成为全球城市绿色发展的先行者（Beatley，2000）。随后，1992 年里约地球峰会提出了《21 世纪议程》，1996 年伊斯坦布尔联合国第二次人居会议（又名城市峰会）发布了《伊斯坦布尔人类住区宣言》和《人居议程》，再次将环境可持续性行动聚焦于城市发展，提倡将可持续性行动纳入城市规划，"可持续城市"的口号和项目开始在世界各地迅速涌现（Wheeler，2000）。

城市逐渐成为实践环境可持续发展的最佳"战场"（Clark，2003）。一方面，城市是世界人口、资源消耗和污染排放集中的地方，城市只覆盖了约 2% 的地球表面，但是聚集了 55% 的全球人口（UN DESA，2018），并消耗了 75% 的资源，产生了 75% 的废物（Roy，2009）；另一方面，随着城市化快速推进，大部分与气候变化相关的已经出现或正在显现的风险集中在城市地区，热胁迫、极端降水、滑坡、空气污染、干旱和水资源短缺等将对城市地区的居民、资产、经济和生态系统构成严重威胁（IPCC，2014）。因此，城市作为环境破坏严重、风险集中的高危区，理应成为探索解决方案的实践区。所幸城市集中了更多的资源，主导了关于土地利用、交通运输、城市林业、废弃物管理等一系列具有关键影响的决策（Bai，2007；Hawkins 等，2016），在这些情况下，这些资源可以转化为更高的行动能力（Roy，2009；Krause，2011）。

二、政策调控是环境可持续性转型的必要条件

政策调控在环境可持续性转型的过程中具有不可替代的作用。一方面，外部性导致很难依靠市场力量实现环境改善，而城市政府作为公共资源的管理者与公共产品的提供者，其干预是城市转型发展的必要条件（吴鸣然和赵敏，2016）。世界银行发布的《1997 年世界发展报告：变革世界中的政府》明确指出，"保护环境和自然资源"是现代政府的五项基本责任之一。欧盟第五次环境行动计划"迈向可持续发展"也强调了城市政府在整合经济发展与环境保护方面的作用，并认定，该环境行动计划中约 40% 的实施内容属于城市政府的责任（Hams 和 Morphet，1997）。

另一方面，城市政府是城市环境—经济系统中权力最大、掌握资源最多的主体，向民众提供良好的生态环境是城市政府的分内义务。对于全球环境恶化以及极端气候事件的发生，一些地方的民众已经开始将争论的焦点指向政府（Kennedy 等，2010）。自党的十八大以来，构建绿水青山转化为金山银山的政策制度体系成为中国政府治理能力现代化的重要部分。

三、城市环境可持续性政策手段不断增加

传统意义上，环境政策属于再分配性政策，在与经济发展存在矛盾时，城市并不乐于主动开展治理和保护行动。环境政策由来已久，可以追溯到 19 世纪西方国家的生态环境破坏问题（梁莹，2013）；直到 20 世纪中叶，环境问题蔓延并加剧，以 1973 年《欧共体第一个环境行动规划》和 1970 年美国《清洁空气法》为代表的现代环境运动和环境治理体系逐渐形成（蔡守秋和王欢欢，2009；庄锶锶和李春林，2017）。早期的环境政策主要致力于污染治理与资源环境环保，从政策工具角度来看，包括以禁令、许可、配额等为代表的命令控制型政策和以庇古税和科斯定理为基础的市场激励型政策（姜彩

楼和李永浮，2007；张萍等，2017）。在此基础上，主流观点认为，环境政策对经济增长具有抑制作用（Ligthart 和 Ploeg，1994；Elíasson 和 Turnovsky，2003；Bastianoni 等，2009；Wu 等，2023）。

然而，随着生态现代化和绿色新政的提出，环境可持续性政策的种类不断增加，越来越重视生态公民的培养和绿色产业的塑造。一些先行城市政府实践了这些政策措施，并取得了良好的成果（Rosenzweig 等，2010；Berry 和 Portney，2013；余振等，2022）。

第一类政策重视社会民众的参与。随着工业化所造成的环境污染、生活与教育水平的提高、公共环境观念的变化与公民社会的兴起，民众在欧美国家的现代环保治理体系中已经逐渐起到举足轻重的作用（高国荣，2006）。早期由社会精英领导的"资源与荒野保护运动"主要是对美国工业化所带来的资源和环境破坏开展批判与反思，在此基础上，"二战"后的美国基层民众开始加入环保运动阵营，代表性事件有 1962 年《寂静的春天》的出版，以及 1970 年美国《清洁空气法》首次引入环境公民诉讼（高科，2015；庄锶锶和李春林，2017）。欧盟出台的一系列环境行动计划同样强调环境民主和公众参与，在其第六个环境行动计划《环境 2010：我们的未来，我们的选择》中，强调了平行支持类的环境政策手段：提供环保教育和培训，提高公众的参与意识和能力；同时完善统计资料，搭建并规范公众获取环境信息的平台（蔡守秋和王欢欢，2009）。

按照环境政策的发展规律，在命令控制型和市场激励型环境政策之后，强调社会支持的环境政策将形成并发展。近年来，公众参与环境保护、环境信息公开等现代环境治理制度也在我国开始起步。2015 年，环保部颁布了《环境保护公众参与办法》，以具体政策的形式明确了落实公众环保参与的具体措施，畅通了公众参与的渠道。2016 年，环保部联合中宣部、中央文明办等单位共同制定了《关于全国环境宣传教育工作纲要（2016—2020 年）》，对环保宣教做出明确部署。同年，国家发展改革委、统计局、环保部、中组部等制定了《绿色发展指标体系》和《生态文明建设目标评价考核办法》，强调公众的参与感与获得感，确保评价考核结果与公众感受相一致（王芳和李宁，2018）。2018 年，生态环境部等 5 部门共同发布《公民生态环境行为规范十条》，旨在引领公民成为美丽中国的建设者。一些国内学者注意到这一政策转向，相继提出自愿参与型政策、社会制衡型环境经济政策、复合型环境治理等概念（尹艳冰和吴文东，2009；崔义中和阚明晖，2011；张萍等，2017）。

第二类政策重视绿色经济的发展。不同于以庇古税等外部性理论为基础的传统意义的环境政策，绿色新政强调通过发展绿色产业和实施绿色创新，获得经济和环境利益的双赢，从而提高综合竞争力。绿色产业包括生产环境保护产品的环境保护工业和环境保护技术服务业，也包括环保和生态意识贯穿商品生产或者服务提供的全过程的行业（马冉，2004）。通过实施绿色经济政策，可以激励本地污染工业自身的技术革新，从而补偿甚至超额补偿革新成本，形成可持续转型的后发优势（余振等，2022）；可以出口绿色技术，形成其他地区的学习效应，为本地经济创造先行优势；也可以在国际环境政策领域起到政策示范作用（马丁·耶内克等，2012）。

绿色产品将是未来的商品发展趋势，发达国家政府已经开始采取积极干预措施，通过政策扶持绿色产业发展。1982 年柏林自由大学环境政策研究中心的詹尼克（Martin Janicke）首次提出"生态现代化"理念。1989 年，英国经济学家皮尔斯（David Pearce）在《绿色经济蓝皮书》中首次提出"绿色经济"概念。2009 年，联合国环境署发布的《全球绿色新政政策概要》启动了"全球绿色新政及绿色经济计划"。欧美国家的绿色经济政策主要有两种形式：第一，创新或采纳绿色新技术，如荷兰对风能技术的支持，美国对汽车催化净化设备的强制性引入；第二，创立新型绿色市场标准，如 1978 年德国首先引入生态标签。总体而言，美国、日本与瑞典代表了20世纪70年代的绿色发展潮流，德国、挪威、荷兰等欧盟国家自20世纪90年代起成为了全球环境治理中的绿色领袖（舒绍福，2016）。

欧美国家为促进环境治理作出了努力，同时也以环保为由，在对外贸易领域设立了绿色技术标准、绿色环保标准等一系列绿色技术壁垒（马冉，2004）。因此，我国力图后来居上，业已开启绿色产业（国内也称为节能环保产业）发展阶段。随后，绿色发展首次被写进"十二五"规划。2012年，党的十八大报告指出着力推进绿色发展、循环发展、低碳发展。2013年出台了《关于加快发展节能环保产业的意见》，旨在加快发展节能环保产业，拉动投资和消费，形成新的经济增长点（杨雪杰，2013）。2015年，首次把"绿色发展"列为"十三五"规划五大发展理念之一，用绿色发展引领产业绿色变革，引领中国实现绿色崛起（舒绍福，2016）。2017年，党的十九大报告明确提出，发展绿色金融，壮大节能环保产业、清洁生产产业、清洁能源产业。2022年，党的二十大报告中指出，尊重自然、顺应自然、保护自然，是全面建设社会主义现代化国家的内在要求。因此，绿色产业政策将在我国的环境治理政策体系中占据越来越重要的地位。

四、城市环境可持续发展意愿不断提高

相对于西方发达国家而言，中国城市环境可持续性行动起步较晚，但发展十分迅速。我国城市政府的现代环境治理起步于20世纪70年代。1973年，第一次全国环境保护会议在北京召开，同年国务院设立了环境保护领导机构和办事机构，城市政府也开始设立相应的环境保护机构（俞海滨，2010；梁莹，2013）。1986年，江西省宜春市首次提出生态城市建设目标（宋永昌等，1999），截至2012年7月，已有97.6%的地级及以上城市和80.0%的县级城市先后提出"生态城市""低碳城市"等发展定位（贾妍和

于楠楠，2017）。

　　进入 21 世纪，中国经济发展成就日新月异，生态环境危害也加速显现，城市政府进入环境可持续性治理新时期。40 多年来，政府环境投资和环境治理虽然从未停歇，但是与经济发展无法匹配，造成环境赤字日益增大。根据全球环境绩效指数（EPI）排名，中国环境绩效从 2006 年的 94 名（共 133 个国家）降到 2014 年的 118 名（共 178 个国家），低于同等收入国家的平均水平（王玉君和韩冬临，2016）。2008 年，美国皮尤研究中心（Pew Research Center）针对中国民众进行了一项关于空气污染严重性的认知调查，结果显示：有 31% 的受访者认为，空气污染已经是"非常巨大的问题"；2013 年，持这一观点的受访者比例上升至 47%（吴鸣然和赵敏，2016）。2014 年，第十二届全国人大常委会第八次会议修订通过了《中华人民共和国环境保护法（修订草案）》；2016 年，中央设立环保督察组，对地方党委和政府及其有关部门开展密集严格的环境保护督察，中央政府对于环境问题的治理决心空前高涨。一批学者指出，此前我国城市政府环境治理消极或流于表面形式的根本原因在于晋升和评价体制（张跃和朱芳草，2010；邱桂杰和齐贺，2011；朱浩等，2014；崔晶，2016；李想和周定财，2017），因此，中央政府将地方官员的绩效与环境保护成绩挂钩，力图从根本上扭转城市政府生态管理意识淡薄的状况。此后，城市环境治理力度不断加强。2017 年，京津冀周边"2+26"城市启动以防治大气污染为核心的环保行动，京津冀三地 2017 年 PM2.5 年均浓度为 64 微克/立方米，较 2016 年同比下降 9.9%（北京市环境保护局，2018）。截至 2018 年 7 月，以长江经济带为重点的 70 个城市共完成黑臭水体整治 919 个，占所有黑臭水体的 65.6%。一批城市先后制定实施各类城市环境建设方案、主体功能区规划方案、海绵城市建设方案、生态补偿办法等行动计划，争创生态文明特区。

第二节 研究意义

城市政府在环境治理中是否具有主导地位、环境可持续性政策的实施对于城市经济是否具有抑制作用等问题依然存在很大的理论争议，而环境可持续性政策手段的扩充加剧了分析这些问题的复杂性，也增加了城市政府在施政过程中有的放矢的困难性。因此，本书以城市环境可持续性政策为中心，对这些问题进行探讨。

一、揭示城市政府在环境可持续发展进程中的地位

这类研究的主要目的是提高城市政府实施环境可持续性政策的积极性。支持城市政府主导论的学者认为，环境政策是后福特主义社会规制的一种，环境治理的关键尺度应该由国家转向地方（Gibbs 和 Jonas，2000），城市政府和其他地方机构在推进可持续发展进程中起到决定作用（Feldman 和 Jonas，2000；周海林和黄晶，2000；万劲波和叶文虎，2005）。因此，地方利益集团和地方自然经济基础决定了城市政府出台环境政策的积极性和执行力度（Lubell 等，2009；Sharp 等，2011；Hawkins 等，2016）。然而，支持中央政府主导论的学者认为，城市政府实施环境政策在很大程度上来源于对中央政策的落实，因为环境政策往往与地方经济发展利益相龃龉（张萍等，2017），同时环境问题的跨域性、复杂性使治理责任难以区分，某一城市的环境政策成效很容易溢出。杨志军和肖贵秀（2018）根据"游击式政策风格"理论（Heilmann 和 Perry，2011），认为我国城市环境可持续性政策和运动陷入了

"决策经验主义"①，只是机械地履行中央行动方案，几乎没有地方特征和理性。总之，城市政府对于环境可持续发展没有足够的内生动力，利益集团规制理论可能无法指导中国城市的环境可持续发展。有学者认为，中央政策通过加强对地方官员的监管、引导建立区域协作的环境治理方案，能够影响城市政府采取环境可持续性措施的积极性（金乐琴和张红霞，2005；邱桂杰和齐贺，2011；崔晶，2016）。

因此，城市政府实施环境可持续性政策的驱动因子及其在环境治理体系中的地位存在不确定性。以 Kwon 等（2014）为代表的一批美国学者基于"城市可持续发展综合数据库"（Integrated City Sustainability Databas，ICSD），定量论证了城市政府主导论；而我国作为政府主导型的社会，一些学者赞同中央政府主导论，但是由于城市政策数据的缺乏，只能建立概念模型进行定性推导。因此，有必要在取得城市层面政策数据的基础上，对中国城市政府在环境治理体系中的地位进行定量探讨，为相关理论研究提供实证检验。

二、界定波特假说的成立条件

环境可持续性政策对于城市经济增长的作用存在争议，关于波特假说的检验结果依旧众说纷纭。这类研究的主要目的是提高城市环境可持续性政策的实施成效。波特假说的支持者认为，环境可持续性政策可以促进创新（Porter 和 Van，1995；Lanoie 等，2008；Wang 等，2022），提高人力资本生产率（Bovenberg 和 Smulders，1996），促进企业形成"成本洞穴引起的隧道效应"（曹凤中等，2008），从而形成补偿机制，对经济增长起到促进作用，形成"环境—经济"系统的双赢。波特假说的反对者认为，环境政策会提高

---

① 决策经验主义是西方学者通过对中国政治发展模式的研究而提出，暗示政治过程的"黑天鹅"特性，即知道它从何而来，但不知道它要飞向何处。内在逻辑含有渐进理性原则和有限理性策略。

理想税率，增加企业成本，使资本的报酬率减少，对实物资本的积累具有挤出效应（Joshi 等，2001；Elíasson 和 Turnovsky，2003），因而不利于经济增长，主要目标是降低对环境系统的损坏。

总之，环境可持续性政策与经济增长关系一直是学界的争论焦点，但是学者们对此问题的看法莫衷一是。随后，一些研究开始关注这种矛盾存在的原因，例如，美国地方可持续性政策研究专家 Lubell 等（2009）在文章展望中明确提出可持续发展政策的有效性是否取决于城市类型的疑问。陆大道和樊杰（2012）在区域可持续发展研究的展望中指出，发展观和发展方式转变的要求，在不同区域将产生不同的响应，而不同地区应对全球气候变化压力的对策和效果也会存在一定的差别。因此，城市环境可持续性政策的实施效果可能受到城市发展阶段和区域特征的影响，不同环境政策作用于不同类型的城市，可能会表现出相异的效果。探究城市社会经济特征对于环境可持续性政策实施成果是否具有显著影响，对于波特假说的检验和推进具有重要的理论价值。

第二章　城市环境可持续性政策的研究现状述评

城市环境可持续性政策研究正式发展已有20多年，涉及领域广泛，主要包括经济学、管理学、地理学、区域科学、环境科学等多个领域。基于区域经济学的视角，相关研究可以归结为政策内涵、政策实施路径和政策成效评价等几个方面。本书基于社会网络主路径分析技术，对城市环境可持续性政策的引文网络进行深入分析，并对识别出的该领域发展过程中的重要文献进行综述，从而发现已有研究的争论及不足，为本书理论框架的建立提供基础。

第一节　研究概况

一、基于 Pajek 的引文分析方法与数据来源

本书基于社会网络主路径分析技术（Main Path Analysis），采用 Pajek 软件和 Python 语言，对城市环境可持续性政策领域的科学文献引文网络进行分

析，从而识别该领域研究的主要脉络和演化特征，反映该领域的重点研究领域。科学文献引文网络是社会网络的一种特殊形式，在该网络中，科学文献和著作是网络节点，引用关系构成它们之间的连线。通过对引文网络进行主路径分析（Hummon 和 Dereian，1989），筛选出代表该领域主要知识演进方向的核心文献，组成具有特殊演化意义的知识流，从而发掘城市环境可持续性政策领域的研究特征。

科学文献引文网络的主路径分析法分为三个步骤。首先，通过 Web of Science 核心数据库进行关键词搜索（检索日期为 2017 年 3 月）。这一数据库提供了最新最权威的研究成果，也被其他文献计量分析的研究广泛采用（Mina 等，2007；Consoli 和 Ramlogan，2008；Barbieri 等，2016）。按照主题（包括标题、摘要、关键词），选取 "Sustainability" "Sustainable Development" "City" "Urban" 等作为主要关键词，采用不同的组合方式，共搜索到 9072 篇文献和著作。将文献类型限制在 Article、Review、Proceedings Paper 三类，剩余文献 8753 篇。以区域经济学作为主要分析视角，将检索类别聚焦于相关性较大的 Economics、Geography、Urban Studies、Area Studies、Planning Development 五类，进一步精练文献样本，最终得到包含 2277 篇文献的分析样本。

其次，以这一文献分析样本为基础，构建引文网络。完整网络共有文献节点 2277 个，引文关系弧线 2773 条（见图 2-1）。这张包含时间维度的网络是具有方向性的非循环网络。非循环意味着该网络没有成环（即如果文献 a 引用了文献 b，那么文献 b 不可能引用文献 a），方向性表明其弧线具有指向性（即如果文献 a 引用了文献 b，那么连线从节点 b 指向节点 a，代表了知识流动方向）。网络中包含三类节点：A 类为图像最外圈孤立的 885 个节点，它们与网络中其他节点没有任何引用关系；B 类节点没有与网络主体相连，在图像外围形成 62 个次级网络，大多两个节点为一组，共包含 145 个节点；C 类高度关联的节点具有大量前后向引文关系，构成中心致密的最大主网络，包含 1247 个节点（见图 2-2）。为了减少非相关条目的数量，聚焦核心研究，后续研究排除了上述 A 类、B 类文献，提取了 1247 篇主网络文献，进行深入分析。这些相互联系紧密的主网络文献代表了该领域研究的焦点。

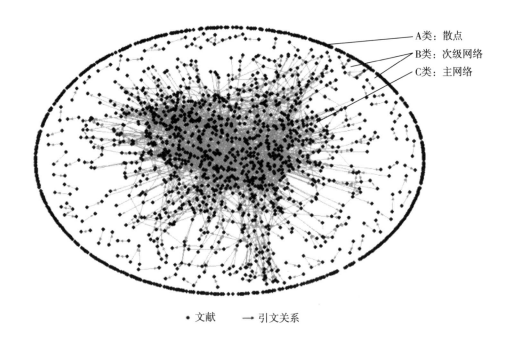

图 2-1　城市环境可持续发展文献完整引文网络

资料来源：笔者自绘。

最后，为了追踪城市环境可持续性政策文献的主要发展方向，并筛选出发展过程中最为关键的文献，本书采用主路径分析法，由大型网络分析及可视化软件 Pajek 执行算法，以推断知识轨迹演化的主要方向。Pajek 不同于 CiteSpace 等其他专门用于文献计量分析的软件，其优点是开放性更强，可根据自身需要，选择更复杂的社会网络分析技术对引文关系进行深入刻画，如主路径分析。相应地，该软件的灵活性也意味着没有现成的模块可进行一键

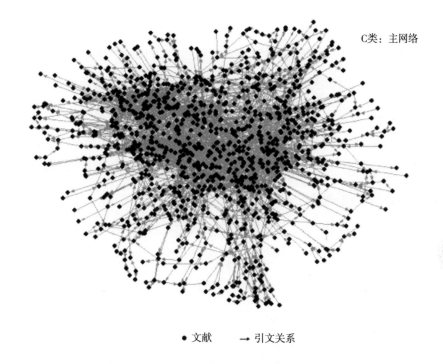

C类：主网络

● 文献　　→ 引文关系

图2-2　城市环境可持续发展文献最大主网络

资料来源：笔者自绘。

式操作，这增加了数据预处理和数据分析的难度，本书使用 Python 语言作为辅助，进行了引文数据的预处理。主路径分析是社会网络分析技术中用于分析时间流的特殊技术。如果认为知识通过引文关系而流通，那么参与更多文献之间路径的单个引文关系就更加重要。重要的引文关系会构成一条或多条主途径，这就是某个研究领域的骨架结构（沃特·德·诺伊等，2014）。主路径分析的具体步骤如下：第一，计算每个起点（样本中没有引用其他文献的文献）指向每个终点（样本中没有被其他文献引用的文献）的所有路径数量（Source-sink Paths，即一系列首尾相连的非闭合弧线）。第二，采用路径计数法（Search Path Count，SPC），算出经过某一指定引文关系（一条弧线）的所有路径数量，并将这一路径数量除以网络中所有途径的总数量。这个比值就是指定引文关系的遍历权值（Traversal Weights）。第三，根据遍历权值提取主路径。Barbieri 等（2016）定义了标准和最长两种主路径。本书在此基础上，根据社会网络分析原理，定义了第三种主路径为截断值，以提高整体分析范围的完整性。其中，标准主路径是从起点指向终点的一条路径，该路径所含的弧的遍历权值之和最高，可以筛选出引文网络中最重要的一组文章。最长主路径也是从起点指向终点的一条途径，但是不考虑遍历权值，假设所有节点/弧线同等重要，因此该路径含有最多引文关系（最多弧），这显示出引文网络的支柱结构。而截断值主途径是设立最低的遍历权值的截断值，删掉所有低于截断值的弧线和节点，留下来的文献和引用关系就是截断值主途径。这组文献引用率较高，在网络局部具有重要意义，是标准主路径的有益补充。三种主路径的提取结果如图 2-3 所示。

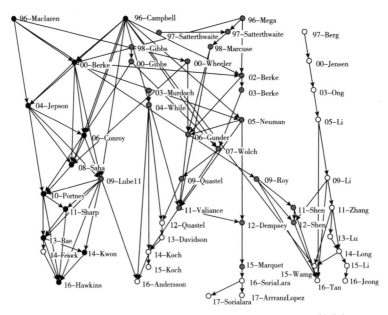

图 2-3　基于三种主路径分析法的城市环境可持续发展文献引文网络

资料来源：笔者自绘。

二、基于引文网络的研究特征分析

主路径引文网络图可以用来分析科学技术知识的前进方向，既有共时性（时间断面）信息也有历时性（时间演化）信息（Barberá-Tomás 和 Consoli，2012；Epicoco，2013；Martinelli 和 Nomaler，2014）。基于前文所述的文献提取和主路径分析方法，本书识别出 54 篇主路径文献，以此作为分析过去 20 多年城市环境可持续性政策研究演化概括的基础。

由图 2-3 可知，经过布局整理的引文网络中文献代码标识了发表时间和主要作者。同一横排的文献来自同一年份，按照时间顺序从上到下排列，从 1996 年到 2017 年初。城市可持续性研究产生于 20 世纪 90 年代，因此第一篇主路径文献出现在 1996 年是合理的。图 2-3 中黑色节点代表标准主路径文献，计 12 篇；灰色节点代表截断值主路径文献，计 21 篇；白色节点代表最长主路径文献，计 21 篇。文献标示的优先级按照标准主路径、截断值主路径、最长主路径递减①。

城市是可持续发展的实践场所，因此 54 篇主路径文献的核心问题聚焦于如何通过在城市实施可持续性政策和行动，促进城市实现可持续性转型。具体而言，研究主线包括城市可持续性内涵、可持续性行动路径、可持续性成效评价三个方面。

首先，关于城市可持续性内涵的研究基本分布于整个引文网络的早期，多数内涵类文献探讨了包含环境、经济、社会三方面的综合内涵（Marcuse，1998；Wheeler，2000），个别文献以环境可持续性（Satterthwaite，1997）或社会可持续性（Vallance 等，2011）为侧重进行深入分析。其次，关于城市

---

① 若一篇文章同时被三种主路径分析法识别，则记为标准主路径文献；若一篇文章同时被截断值主路径和最长主路径识别，则记为截断值主路径文献；仅被最长主路径法识别的文章记为最长主路径文献。

可持续性行动路径的研究在所有研究中所占比重最大，且贯穿了整个引文网络，研究内容可以分为四大分支：第一，城市政府实施的综合性可持续发展政策的现状（Gibbs 等，1998；Feiock 等，2014）和驱动因素（Lubell 等，2009；Hawkins 等，2016）；第二，城市政府实施的以可持续发展为目标的新都市主义规划方法（Berke 等，2003；Neuman，2005）；第三，城市化与可持续发展的协调（Roy，2009；Tan 等，2016）；第四，典型城市的可持续发展行动战略（While 等，2004；Wolch，2007）。最后，关于城市可持续性成效评价的研究主要集中于研究网络的中后期，主要包括建立指标体系评价城市可持续发展的综合成效（Li 等，2009；Shen 等，2011）、通过统计学方法评价单项环境政策的实施成效（Dempsey 等，2012；Andersson，2016）等内容。

需要特别说明的是：第一，在可持续性概念形成初期，多数情况下其内涵约同于今天所说的环境可持续性，因此，为了体现相关研究的全貌，扩大入选文献的范围，基础文献样本的选取以"城市可持续性"为主题词，但是在分析主路径文献时，仅聚集与环境可持续性相关的文献。主路径分析的结果显示，环境可持续性研究在所有可持续性研究中占据绝大多数，在 54 篇主路径文献中，聚集环境可持续性或以环境可持续性为重点的相关文献数量达到了 48 篇，另外 6 篇文献分别聚焦于社会可持续性和社会公平以及由新都市主义规划衍生的交通规划。第二，虽然以"城市"作为检索关键词，但是本书重点关注以城市政府为主体的环境可持续性政策和行动，而这类文献也是城市可持续发展研究的重点。研究内涵和成效的 23 篇文章与治理主体的关系不大，而在剩余的 31 篇关于城市可持续发展路径的文章中，有 28 篇与政府和规划部门相关。在另外 3 篇文献中，1 篇文献以民间组织英格兰乡村保护委员会（CPRE）为研究对象，2 篇文献没有指明具体对象（所有主路径文献列表和简要说明见附录 1）。

第二节 政策实施路径

为了推进城市环境可持续性政策的实施，一批学者以后福特主义的社会规制为主要切入点，研究了城市环境可持续性政策的实施现状、治理结构和驱动因素。

一、实施现状

虽然城市政府对于环境可持续发展体现出越来越高的热情，但是鉴于变革的难度，多数学者认为这种热情只是表面的，真正付诸实践的程度并不如预期，因此，相关研究分化出一个实证研究分支——考察政策的实施情况。该类研究的一般路径是根据城市环境可持续性的内涵和原则定义分类框架，然后通过文献分析或调查问卷获取研究信息，确定地方环境可持续性政策的行动特征。Berke 和 Conroy（2000）是最早直接研究这一问题的学者，他们发现，无论城市规划是否明确以"可持续发展"为整体目标，不会影响规划和政策对于可持续性原则的体现程度。相对而言，规划和政策更偏重环境建设，不太关注自然资源保护等问题。此后，部分学者相继从不同角度对该问题的研究进行了深化（Jepson，2004；Conroy，2006；Saha 和 Paterson，2008）。特别是以 Feiock 等（2014）为代表的一批美国学者，根据大范围、多批次的实证问卷和访谈，建立了"城市可持续发展综合数据库"，刻画了详尽的美国城市政府可持续发展行动实施概况，为后续研究提供了基础。

而我国学者在涉及城市环境政策测度的少量研究中，几乎都采用了环境污染排放量综合指数这一间接指标（赵霄伟，2010；黄志基等，2015；贺灿飞等，2016）。也有学者在此间接指标的基础上，加入城市获得各种国家级生态、环保类奖项以及生态省建设年份等因素，以对其进行修正（杨舒婷，2018）。很多学者对此评价方法提出疑问，但是城市尺度的直接指标很难有所突破。受限于数据获取或者数据质量，造成我国环境可持续发展政策及相关研究很少涉及城市尺度的大样本定量分析（张成等，2011）。

二、治理结构

关于治理结构的研究可以分为两个维度。一方面，关注地方治理的重要性和各个空间尺度的治理协调（Satterthwaite，1997；Gibbs 和 Jonas，2000），即里约峰会提出的"全球思维，地方行动"。主流观点认为城市政府是环境治理体系的主导，每个地方具有独特的地方情境，多样性的问题需要城市政府建立针对性的解决方案，在城市层面设置可持续发展所需要的激励和监管体系也相对容易（Feldman 和 Jonas，2000；周海林和黄晶，2000；万劲波和叶文虎，2005）。然而，也有部分学者认为中央政府是环境治理体系的主导，杨志军和肖贵秀（2018）根据"游击式政策风格"理论（Heilmann 和 Perry，2011），认为中国城市环境可持续性政策和运动只是一种"决策经验主义"行为，只是机械地履行中央行动方案，几乎没有地方特征和理性。加上环境政策本身可能影响城市经济增长，并产生治理成效的空间溢出，城市政府没有动力也不可能主导环境治理体系，最多是对国家环境战略决策进行地方落实。

另一方面，关注城市内部各部门、各群体之间的合作，尤其强调公民参与（Gibbs 等，1998；While 等，2004）。环境可持续发展内涵的综合性要求环境、经济等各部门具有统一的认识和行动，因此需要克服意识分歧和技术障碍。后工业时代城市经济对于环境的需求产生变化，利益相关者的传统利益诉求也发生了主动或被动的改变，研究越来越重视地方合作网络，厘清演化的利益关系，争取扩大可持续发展联盟。

三、驱动因素

城市政府是环境可持续发展治理体系的重要环节，然而实际投入行动的意愿参差不齐，因此，一批学者系统分析了城市政府采取环境可持续发展行动的动因。从政治和经济激励等方面分析，城市政府推行环境可持续发展举措的动力可以总结为以下几个方面：第一，环境压力，即根据需求导向，当发生资源稀缺、环境恶化时，环境可持续性政策能够提供最大的效益（Lubell 等，2009；Sharp 等，2011）。第二，经济基础，即城市政府是否能够承受环境可持续性政策的成本，或环境治理行动是否有利于城市综合竞争力的提高（Lubell 等，2009；Hawkins 等，2016）。第三，政治基础，即城市政策符合当地利益群体的意愿（Portney 和 Berry，2010；Sharp 等，2011），并受到中央政府的支持，避免相邻区域的干扰（金乐琴和张红霞，2005；邱桂杰和齐贺，2011；崔晶，2016）。第四，城市政府体制，大量研究以美国城市为背景展开，即"市长—市政会议"制、委员会制、"市政会议—经理"制等不同市政体制对城市环境可持续性政策的制定有所影响（Bae 和 Feiock，2013；Kwon 等，2014）。

需要特别说明的是，关于经济基础对城市实施环境可持续性政策的影响，存在着相异的研究结论，这说明无法确认环境可持续性政策的属性。一些学者认为环境可持续性政策是一种发展性政策，例如，波特假说及其大量实证研究发现，设计良好的环境规制可以促进企业创新（节约生产成本或开创新市场），抵消污染治理带来的成本，从而提高区域整体竞争力（Porter 和 Van，1995；Ambec 等，2013）。然而，另一些学者的研究成果则表明，财政状况良好的城市更可能实施环境可持续发展政策（Zahran 等，2008；Krause，2012；Homsy 和 Warner，2015），也就是说，城市政府在实践中更倾向于将环境可持续发展视为再分配性政策，调节人类与环境之间的公平。因此，这也印证了环境可持续性政策的内涵具有多样性，在研究时应该对涉及的政策类别进行细分。

综上所述，城市环境可持续性政策的实施路径研究旨在保障发展模式的顺利转型，相关研究主要涉及三个方面：第一，城市环境可持续性政策实施的现状特征；第二，城市治理网络的建立及其与外部的协调关系；第三，如何在实践中提高城市政府对环境可持续发展行动的积极性。

第三节　政策实施成效

一、成效综合评价

采用综合指标体系或单一指数评价城市的可持续发展成效是研究的热点领域。在单一指数领域，比较具有代表性和影响性的评价方法有：基于生态系统承载力的思想，Rees（1992）、Rees 和 Wackernagel（1996）提出生态足迹（Ecological Footprints）指数，表征为了获取食物和其他可再生资源、吸收化石燃料燃烧所排放的二氧化碳，城市的居民和企业需要依赖的土地面积。基于物质流分析，Schmidt-Bleek（2001）提出物质强度（MIPS）指数，计算单位使用期限内，某个物品从原材料的获取或制造、使用到最终丢弃的全过程中所需的全部能源和材料。基于经济学价值理论，Daly（1990）提出可持续经济福利指数（Index of Sustainable Economic Welfare，ISEW），根据可持续发展的理念，调整了传统福利测度指标 GDP，将收入分配、环境损害、家务活动以及资源的损耗定量化，并纳入核算之中；以及同样源于经济领域，Kenneth 等（2010）提出包容性财富（Inclusive Wealth）指数，资本资产价值等于人力资本（包括健康状况、受教育程度、技能水平等）、生产资本（包括机械设备、厂房、道路等基础设施）、自然资本的总和。

在综合指标体系领域，最具影响力的评价方法是联合国可持续发展委员会发布的指标体系（彭惜君，2001）。该体系基于 David Rapport 和 Tony Friend 提出的 PSR 模型，由联合国可持续发展委员会（UNSDC）联合多个国际组织共同研究并发布。该指标体系用驱动力指标监测影响地球可持续性的人类活动和开发模式，状态指标监测可持续发展过程中各个系统的状况，响应指标监测政策的路径和效益，体现行动的因果关系。此外，更多的智库和学者基于系统论思想，提出各种各样的城市可持续性评价指标体系，广泛涉及经济、社会、环境、管理等方面，近期具有代表性的智库研究成果有 ISO 城市可持续发展指标体系国际标准（杨锋等，2014）、西门子和经济学人绿色城市指数、耶鲁大学和哥伦比亚大学环境绩效指标体系等。

一些学者在上述权威评价方法的基础上，结合实践进行了深入研究。如 Li 等（2009）从评价指标的结构上进行了探索，提出全排列多边形综合指标法，评价了中国济宁市的城市可持续发展能力。针对城市可持续性指标的适用性问题，造成城市之间难以共享发展经验，Shen 等（2011）基于六个国际权威指标体系构建了国际城市可持续发展指标清单，从而辅助理解并对比每个城市的驱动力和目标。

综上所述，城市环境可持续性的综合评价是城市可持续发展研究中最热门的领域之一，可持续性指标可以量化可持续发展的现状，从而为未来政策提供有效帮助，或对当前政策的执行情况进行评估。然而，相对而言，综合评价指标的方法较为笼统且静态，除了基于 PSR 模型建立的指标体系，其他方法没有与政策建立直接联系。因此，一些学者开始通过统计学模型评价环境政策的实施成效，根据研究对象可以分为政策与经济增长、政策与环境保护两大类。

二、政策与经济增长

城市实施环境可持续性政策对经济增长的影响存在正负两种可能性。

第一，环境政策会提高理想税率，增加企业成本，使资本的报酬率减少，因而不利于经济增长。Ligthart 和 Ploeg（1994）使用内生增长模型，将政府的公共预算划分为三种形式：第一种为消费性支出，影响代表性家庭的效用函数。第二种为生产性支出。第三种为污染控制性支出，并假定政府通过税收一方面可以将环境污染的外部性转向内部，从而纠正污染带来的市场失灵现象；另一方面也能通过征税为政府提供财政收入。他们得到结论：严格的环境政策将提高理想税率，改善生态环境质量，降低经济增长率，并影响政府预算的结构（生产性支出减少，消费性支出和污染控制性支出增加）。Eliasson 和 Turnovsky（2003）考察了存在环境污染的情况下环境政策（污染税、排污权交易、直接管制）对经济增长的影响。考察结果显示：严格的环境政策将降低资本回报率，不利于资本累积，从而对经济增长率产生负面影响；因为污染税费和排污权交易可以让个人正确衡量市场的资本回报率，而强制性控制政策起不到作用，因此，污染税费和排污权交易更具优势。Gray 和 Shadbegian（1994）的研究显示，环境政策会给公司带来沉重的负担，特别是减排成本高的公司，1 美元的减排成本在石油业、造纸业、钢铁业将分别产生 1.35 美元、1.74 美元、3.28 美元的损失。随后，他们进一步指出，更为严格的空气和水资源政策对美国造纸厂的技术选择具有重大影响，导致投资从生产转向治理，即环保政策会产生额外成本（Gray 和 Shadbegian，1998）。Joshi 等（2001）通过研究发现，环境政策将给企业同时带来显性成本和隐性成本，并且隐性成本比显性成本高得多，如果环境政策造成的显性成本增加 1 美元，那么隐性成本将有 9~10 美元，因此，环境政策对经济增长有很大的损害。

第二，环境政策会促进创新，提高人力资本生产率，从而形成补偿机制，对经济增长起到促进作用。Domazlicky 和 Weber（2004）通过分析 1988～1993 年美国化工业环境污染治理成本（由环境政策引起的）和生产率之间的数量关系，发现环境政策并没有制约化工行业的生产率，其每年的生产率增长速度仍然维持在 2.4%～6.9%。Isoard 和 Soria（2001）以电力市场为例，假设市场上廉价的传统能源技术（主要针对化石燃料）和资本密集型的新兴能源技术（主要针对可再生能源）同时存在，由于新兴能源技术投资成本过高，大规模扩散困难，因此新兴能源技术将在竞争中处于弱势。针对这一问题，他们进一步研究了"干中学"和资本规模报酬能否促进新兴能源技术设备在市场上推广，以及对可再生能源单位成本是否产生有利影响。结论认为规模经济和"干中学"有利于提高产出水平，降低可再生能源的单位成本，并且由于产出水平提高，进一步促进"干中学"效益，从而形成良性循环。通过对新兴能源技术（太阳能和风能）的实证研究，他们发现"干中学"能够有效推动创新扩散，新兴能源技术进步有利于提高经济增长率，并优化市场结构。Bastianoni 等（2009）将不可再生能源和可再生能源引入经济模型，结果表明想要实现经济可持续发展，必须调整能源结构，通过提高对可再生能源的投资，形成补偿效应，由不可再生能源转向可再生能源。在创新补偿路径之外，Bovenberg 和 Smulders（1996）以卢卡斯（Lucas）的人力资本模型为基础，增加环境污染影响消费者效用函数的假设，结果表明环境污染不会影响投入要素（包括物质资本、人力资本）的积累和经济增长。因为环境污染会降低劳动者的健康水平和学习能力，从而制约了人力资本的积累；而环境治理在产生挤出效应而影响实物资本积累的同时，有利于劳动者人力资本的提高。环境治理的积极效应足以抵消消极效应，因此经济增长不会受到制约，反而有可能发生改善。

综上所述，学者对于环境可持续性政策与经济增长关系的看法莫衷一是。持消极态度的学者认为，环境政策对实物资本的积累具有挤出效应；持积极态度的学者认为，环境可持续性政策可以促进企业形成"成本洞穴引起的隧道效应"（曹凤中等，2008），产生技术优势、品牌优势、新的产品市场，促进人力资本积累等。事实上，环境可持续性政策对于经济增长的作用机制很可能是多种渠道的共同影响，城市环境可持续性政策的实施效果可能受到城市发展阶段和区域特征的影响，不同环境政策作用于不同类型的城市，可能会表现出相异的效果。

三、政策与环境保护

城市实施环境可持续性政策的最直接目的就是保护环境，然而国内外学者的研究结果表明，环境可持续性政策对于环境保护的积极作用存在不确定性。

一方面，多数学者的研究成果支持环境政策的有效性。首先，从政策类型区分。Macho-Stadler（2008）认为，在污染税、排污标准和排污许可证交易三种政策下，污染税对环境治理的效率最高。张华明等（2017）认为，相对于调节产业结构和投入环境治理研发经费，政府环境治理投资对于环境污染物的削减作用最大。其次，从政策的来源区分。彭昱（2013）认为，地方性的环境财政投入比中央投入更为有效，因此，经济增长与环境保护困境的解决很大程度上依赖于城市政府对环境保护的财政支持力度。最后，从政策作用对象区分。曾冰等（2016）认为，市场型与非正式型环境政策工具在东部地区可以较好地抑制"三废"污染，市场型环境政策工具在中部地区可以有效地抑制"三废"污染，而直接管制型环境政策在西部地区可以有效地抑制"三废"污染。丁焕峰等（2021）认为，创新型城市试点对经济欠发达地区和经济发达地区均有环境改善效果，且对发达地区的环境改善程度更为显著，因此，必须因地制宜、因类制宜地选择治理环境污染的政策工具。此外，万建香和梅国平（2012）认为，居民、企业、政府的环保意识与行动逐渐内化为社会资本，而社会资本积累是环境保护的重要动力，其对于环境改善的作用远远大于技术进步和人力资本积累的效果。

另一方面，一些学者认为环境政策在改善环境状况方面并无显著效果，在很大程度上只是象征意义上的政府行为。例如，Portney（2009）在基于美国城市的环境政策研究中也指出，城市加入"倡导地区可持续发展国际理事会"（ICLEI-Local Governments for Sustainability）的政治决策并不一定转化为温室气体减排行动。同样，Sharp 等（2011）也认为，采纳环境政策并不一定意味着严格执行，出台相关城市规划或政策也不一定意味着每一项都得到充分实施。万建香（2013）指出，不同环境政策对产业环保能力绩效具有不同影响，增加污染治理投资并不能阻止污染排放总量的上升和能源消耗的增加，颁发污染排放许可证也对产业环保能力绩效具有阻碍作用。李伟伟（2015）通过分析 2000~2011 年我国相关环境统计数据后指出，从环境政策绩效和环境政策效率两方面分析，我国的环境政策在很多方面都没有实现既定目标。Wu 等（2023）通过分析中国城市水污染治理案例，提出城市环境监管在短期内是有效的，但是由于城市经济体存在集聚经济和企业空间迁移，环境监管的长期有效性会被削弱甚至无效。

综上所述，多数学者支持环境政策对于环境保护和环境状况具有积极作用。争议主要集中于两方面，第一，政策的声明和实施之间可能存在差距；第二，政策成效可能会随着政策类型和实施区域的差异而产生不同的结果。

第四节 本章小结

基于 Pajek 的引文网络计量分析结果表明，城市环境可持续性政策研究是城市可持续性研究的核心领域，相关研究主线可以总体划分为政策实施路径和政策成效评价两大方面。

第一，城市环境可持续性政策的实施路径包括现状评估、治理结构和驱动因素三个方面。现状评估是在定义城市环境可持续性的内涵和原则的基础上，构造直接指标或间接指标，对城市的政策出台情况进行描述，直接指标通常通过文献分析或调查问卷获取，间接指标主要通过污染排放量的变化来表征努力程度，学界对于直接指标的认同度较高。关于治理结构的研究可以进一步分为两个维度：其一，关注各个空间尺度治理协调的研究对于城市治理的主导地位存在分歧，主流观点认为城市政府是环境治理体系的主导；其二，关注城市内部各利益群体之间合作的研究，强调城市政府在治理过程中应该着力提高公民参与的积极性，有利于形成地方可持续发展利益联盟。根据对治理结构的理论分析和效用理论，城市政府在实践中出台环境可持续发展政策的驱动因素来自环境压力、经济基础、政治基础（中央政府、相邻区域、当地利益群体）、政府体制等方面。

第二，城市实施环境可持续性政策对经济增长和环境保护的影响都存在不确定性。对于经济增长，可能产生实物资本积累的挤出效应或成本洞穴引起的隧道效应这两种相异的结果；对于环境保护也存在有效和无效两种实证结论。究其原因，城市环境可持续性政策的实施效果可能受到城市发展阶段和政策类型的影响，不同环境政策作用于不同类型的城市，可能会表现出相异的效果。环境可持续性政策对于经济增长和环境保护的作用机制不能用单一的线性模型进行分析。

第三章 城市环境可持续性
政策的理论分析

    城市环境可持续性政策的理论基础包括利益集团规制理论、可持续发展理论、生态现代化理论、波特假说、区域环境压力理论、经济发展阶段理论等部分。根据利益集团规制理论的研究视角，可以建立影响城市政府环境可持续性政策执行力度的理论分析框架，分析影响政策出台的驱动因子，从而探讨城市政府在环境治理体系中的地位。在波特假说、区域环境压力理论、经济发展阶段理论的基础上，可以建立不同经济发展阶段城市环境可持续性政策的经济成效门槛模型和环境成效门槛模型，探讨环境可持续性政策的成效是否受到城市经济发展阶段的影响，重点探究波特假说成立的条件。根据可持续发展、生态现代化等理论内涵，可以明确环境可持续性政策的目标导向与分类，进而分别分析政策类型与影响其出台的驱动因子和实施成效之间的关系，提出理论假设，形成城市环境可持续性政策理论分析框架。

    本章包括两个部分：第一部分对研究涉及的相关理论进行概述，说明理论与本书的联系。第二部分根据理论基础，构建本书的理论分析框架，提出理论假设。

第一节 理论基础

一、利益集团规制理论

(一) 利益集团规制理论的内涵

利益集团规制理论 (The Interest Group Theory of Regulation) 属于规制经济学。政府规制是行政机构制定并执行的直接干预市场机制或间接改变企业和消费者供需政策的一般规则或特殊行为 (陶爱萍和刘志迎, 2003)。规制经济学是对政府规制活动的过程及作为其结果的市场均衡所进行的系统研究 (雷华, 2003)。利益集团规制理论强调规制政策制定与实施过程中利益集团的作用, 认为政府规制的目标不是为了公共利益, 而是政治家赢得选举的手段 (张波, 2010)。规制制定的过程十分复杂, 随着理论的发展, 利益相关者不断增加。

(二) 利益集团规制理论的发展

利益集团规制理论的发展经历了两个阶段。第一阶段被称为规制俘获理论 (The Capture Theory of Regulation, CT), 是利益集团规制理论的经验主义研究阶段。一些西方学者通过研究 19 世纪末的规制发展历史, 发现规制并不一定为了矫正市场失灵, 相反, 规制制定者被企业主 "俘获", 使规则偏向生产者的利益。本特利 (Bentley) 于 1908 年尝试解释这种规制俘获现象, 把利益集团的概念引入政府规制的分析框架。随后, 特鲁曼 (Truman)、伯恩施坦 (Bernstein)、乔丹 (Jordan) 等学者追随和拓展了利益集团的思想, 形成规制俘获理论。与之前的公共利益规制理论相比, 规制俘获理论对现实的描述力更强,因而更具说服力。然而,它没有抛开现象本身进一步解释利益集团如何影响规制者,只提出了"规制有利于生产者"的假设(Viscusi等,2005;张红凤,2006)。

第二阶段被称为规制经济理论(Economic Theory of Regulation,ET)。1971年,诺贝尔经济学奖获得者斯蒂格勒(Stigler)发表了《经济规制论》,尝试用经济学的供求分析思想解释规制行为,使规制作为经济系统的内生变量,从理论上推导出利益集团对规制的作用路径,从而创立了规制经济理论(张红凤和杨慧,2011)。斯蒂格勒分析的前提是:规制者的基本资源是权力,利益集团可以说服规制者将权力服务于他们;规制者是经济人,会追求效用最大化;于是政府规制是为了帮助利益集团实现利润最大化(朱明和谭芝灵,2010)。利益集团通过向政府官员提供选票、竞选经费及活动经费等贿赂行为,收买规制机构的官员,获得规制的偏向带来的利润,于是两者形成利益联盟(肖兴志,2002)。

佩尔兹曼(Peltzman)在斯蒂格勒模型的基础上,将消费者纳入分析模型,形成了佩尔兹曼理论。他将利益集团进一步划分为企业和消费者,政府或政治家为规制者,假定利益集团和规制者都是追求效用最大化的经济人,企业的目标是利润最大化,消费者的目标是消费剩余最大化,规制者的目标是政治支持最大化。同样,利益集团为了获取规制的偏向而向规制者提供政治支持,双方交易达成(杜传忠,2005)。其他代表性的规制经济理论还有贝克尔(Becker)的利益集团的压力竞争模型、赫蒂克和万纳(Hettich and Winer)的规制税收模型等。

上述学者属于规制理论的芝加哥学派,同时,以布坎南(Buchanan)、塔洛克(Tullock)等为代表的弗吉尼亚学派从社会福利损失的角度,提出了寻租理论,与芝加哥学派的俘获理论相互补充,被统称为公共选择学派(李健,2012)。

(三) 利益集团规制理论在城市环境规制方面的应用

制定环境规制同样是规制者的权力，因此与经济性规制一样，受到相关利益集团的显著影响，即城市政府的环境规制来源于不同利益集团之间的相互作用。城市政府作为环境规制的主要规制者，影响其决策的利益集团至少可以包括企业、环保主义者以及未组织起来的社会公众 (李项峰，2007)。

一些学者以此为切入点，分析了政府环境规制行为的影响因素。例如，Lubell 等 (2009) 的研究，他们在考察美国加州中央山谷地区的城市环境可持续性政策时，在利益集团决策理论的基础上，结合蒂布特 (Tiebout) 的"以脚投票" (Voting With Their Feet) 理论、彼得森 (Peterson) 的地方财政能力模型，在利益相关者之外加上地方环境因素、经济基础等区位特征，系统探讨了利益集团、城市尺度、城市税收情况对城市政府实施环境政策的影响。而一些国内学者认为，结合我国实际，政府可以分为中央和地方两个层级，因此地方环境规制供给的目标是，在兼顾中央考核标准与命令约束的条件下，尽可能地满足自己和地方利益集团的诉求，从而获得最多的政治支持 (吕守军等，2015)。我国学者邱桂杰和齐贺 (2011) 也在此框架下进行扩展，建立了城市政府官员的效用模型，定性分析了个人政绩、经济收益、名誉、职务责任安全等因素对于官员推行环境政策的作用效果。随着信息化和数字化发展，寇坡等 (2023) 提出在互联网的调节作用下，公众环境参与力度增大，能够有效约束政企合谋对环境的不利影响，提高环境规制效果。

总之，在利益集团规制理论的视角下，地方利益集团对城市政府 (规制制定者) 环境规制制定过程的影响得到了国内外的普遍认同。然而我国与西方政府规制存在制度环境的差异 (郭敏和谭芝灵，2010)，地方自治的传统和公民意识使西方大量研究更关注城市内部因素的作用，以考察城市政府和利益集团的关系为主，同时兼顾地方自然和经济环境特征，发现利益集团政治基础 (Portney 和 Berry，2010)、环境压力 (Sharp 等，2011)、经济基础

（Hawkins 等，2016）、城市政府体制（Bae 和 Feiock，2013）等因素对城市环境规制的制定具有重要影响，而不考虑中央政府的作用。而在我国制度背景下，上述研究结论显然不能照搬，必须在原有分析中补充中央政府的影响性，形成符合我国实践的影响城市环境规制决策的分析框架。

二、波特假说

（一）波特假说的内涵

经济学传统观点认为，生态环境作为公共产品而存在外部性，技术标准、环境税收、排放权交易等环境政策（环保行为）需要企业投入额外成本（劳动力、资本等）减少污染，这些措施虽然能够提升环境效益，但是同时也会阻碍经济发展。大约 20 年前，哈佛商学院经济学家、战略研究泰斗迈克尔·波特（Michael Porter）教授对传统认知提出质疑。他认为，精心设计的"环境政策并非必然妨碍竞争优势，相反，有可能提高竞争力"（Porter，1991）；通过"促进创新，（在某种情况下）可能部分乃至完全抵消污染治理成本"（Porter 和 Van，1995）。波特假说为环境政策、创新、竞争力三者之间搭建出新的因果关系，引起学界、政界高度关注。

对于波特假说成立的原因，波特和范德林德认为至少有以下五种：第一，政策向企业明确了资源利用效率不足之处及潜在的技术提升的可能性；第二，重在收集信息的政策可以通过提高企业意识，实现重要利益；第三，政策降低了"环保投资是有利可图的"这一方案的不确定性；第四，政策为创新和发展提供了压力和动力；第五，政策扫除了过渡期的障碍。在转向创新路径的过渡期中，政策确保了某一企业不可能通过规避环保投资而取得投机利益（Porter 和 Van，1995）。

（二）波特假说的分类

有些研究者将波特假说分解以便于检验其理论和实践证据。Jaffe 和

Palmer（1997）首先区分了波特假说的"弱""强""狭义"三个版本。第一，设计合理的环境政策可以促进创新。这通常被称为"弱波特假说"，由于没有说明这种创新对企业有益或有害。在经济学领域，政策可以促进技术创新的观点显然并不新鲜，因此就这点而言，波特假说并没有引起争论。第二，通常而言，创新抵消了额外的政策成本，环境政策可以提高企业竞争力。这被称为"强波特假说"。第三，"狭义的波特假说"是指灵活的调控政策更有利于促进企业创新，效果优于规范式的政策。波特的确曾告诫政策制定者注意审视其行为可能带来的影响，尤其在实施经济政策时，尽量选择有利于培育创新和竞争力的调控机制。所以，"狭义的波特假说"在很大程度上是重申了经济学家对于基于绩效或市场的政策的偏爱。

（三）波特假说的实证检验

众多学者对波特假说进行了实证检验，鉴于本书研究内容不涉及弱波特假说涉及的环境政策与创新之间的关系[①]，因此，集中总结强波特假说的实证研究成果。

强波特假说的验证（环境政策与经济增长的关系）在经济学文献中受到长期关注。Jaffe 等（1995）对该方向的早期文献进行了综述，结论是大部分文献认为环境政策对生产率具有消极影响。例如，Gollop 和 Roberts（1983）发现二氧化硫政策使美国 20 世纪 70 年代的生产率增长降低 43%。然而，随着研究的推进，逐渐出现了一些较为积极的结论。例如，Berman 和 Bui（2001）发现，虽然洛杉矶的空气污染政策更为严格，但是洛杉矶炼油厂的生产率依然比其他美国炼油厂高得多。类似地，Alpay 等（2002）发现，在环境政策的压力下，墨西哥食品加工厂的生产率持续提高，从而他们认为，严格的政策不一定对生产率不利。Lanoie 等（2008）在环境政策效度的变化

----

① 总体而言，研究者认为环境政策和创新之间存在正相关关系，但是关系的强度存在变化（Ambec 等，2013）。

和生产率的所有结果变化之间引入 3~4 年的时滞期，在对加拿大魁北克 17 个制造行业的案例研究中发现，较为严格的政策引起生产率适度的长期增长。他们认为，这种影响在高度暴露于外部竞争的制作业门类中更为显著。Wang 等（2022）通过分析 1995~2017 年的中国工业数据，认为严格的环境监管可以实现能源效率和减排，从而在短期和长期内都支持强波特假说的成立。此外，也有一些结果呈现出复合型的结论。例如，Lanoie 等（2011）利用 OECD 对 7 个工业化国家 4000 多家企业的调查数据，对波特假说的整条因果链进行了评价。结果发现环境政策的感知严格性与环保创新之间存在显著正相关，"预计的"环保创新对经济绩效也具有显著的正向影响，但是，环境政策对于经济绩效具有直接的消极作用，也就是说净效应是负向的。这意味着创新对于经济绩效的积极作用小于政策本身带来的消极作用，环境政策是具有经济成本的，但是消极作用小于其本身带来的直接成本。总而言之，实证研究结果表明强波特假说仍存在很大的不确定性。

三、区域环境压力理论

（一）区域环境压力理论的分析框架与 IPAT 模型的由来

围绕"环境问题因何而生"的争论，美国生态学家康芒纳（Commoner）提出"技术决定论"，认为工业技术进步是造成生态环境破坏的根本原因。与此对应，美国人口学家埃利奇（Ehrlich）提出"人口增长论"，认为人口增长是环境变化的最重要原因，会导致即使最明智的管理技术也无法避免的环境压力（钟兴菊和龙少波，2016)，并提出 I=PF 的模型，用以表征人口增长对环境的压力。在这个公式中，I 表示环境压力，P 表示人口数量，F 表示人均环境压力（Ehrlich 和 Holdren，1971)。随后，为了进一步拆分人均环境压力的作用，延伸形成经典的 IPAT 模型，即 I=PAT。在这个公式中，P 表示人口规模；A 表示富裕程度，用人均消费或人均生产衡量；T 表示支持该富裕程度的特定技术水平，对应单位消费或单位生产所产生的环境影响。需要注意的是，T 是该模型中最复杂的因子，并不局限于康芒纳所强调的生产技术水平，事实上，T 表示了除 P 和 A 以外的所有因素的总和，如文化、社会结构和制度安排等（York 等，2003）。

（二）区域环境压力理论的发展与 IPAT 模型的变式

自 IPAT 模型出现以来，得到了相关学者的广泛关注和认可，并在实际应用中衍生出各种变式。例如，Schulze（2002）认为，行为选择是影响环境压力的重要因素，如个人享乐主义或节俭主义的价值观，因此建议在原模型公式右边添加行为因子 B，从而形成 IPBAT 模型，即 I＝PBAT。Waggoner 和 Ausubel（2002）为了强调消费行为对环境的影响，将 T 分解成人均 GDP 的消费量 C 和单位消费量对环境的影响 T，从而形成 ImPACT 模型，即 I＝PACT。徐中民等（2005）认为，社会发展本身能够调动社会资源以缓解和减轻环境影响的能力，因此在 ImPACT 模型的基础上进一步延伸，增加代表社会发展状态的因子 S，形成 ImPACTS 模型，即 I＝PACT/S。Gao 等（2010）令 PA＝G，合成为经济发展总量指标 GDP，从而形成 IGT 模型，用于分析经济总量与生态环境压力之间的相应关系。

此外，为了突破 IPAT 模型表征的环境影响与各个影响因子之间的线性关系，Dietz 和 Rosa（1994）提出了可拓展的 IPAT 随机回归模型（Stochastic Impacts by Regression on Population, Affluence, and Technology, STIRPAT 模型）。公式为 $I=aP^bA^cT^de$，其中，a 表示常数项，b、c、d 分别对应 P、A、T 因子的指数项，e 表示误差项。当 a＝b＝c＝d＝e＝1 时，STIRPAT 模型等同于 IPAT 模型。STIRPAT 模型可以通过对数转换变成线性回归形式，从而通过假设检验，方便分析各因素对环境的影响。

STIRPAT 模型在实证中的应用范围比 IPAT 模型大。比较特殊的情况是，在 STIRPAT 模型的线性回归形式中增加富裕度 A 的二次方项，可以对环境库兹涅茨曲线进行实证检验。

（三）区域环境压力理论与 IPAT 模型的应用

国内外众多学者基于 IPAT 模型及其变式进行了大量实证研究，考察了人文驱动力对污染物排放量、生态足迹、水土资源、能源消费和碳排放等各种环境压力的作用（王永刚等，2015），其中，以能源消费和碳排放为环境压力因子的研究占据绝对多数。在污染物排放量方面，谢锐等（2018）以新型城镇化指标替代人口规模，考察了新型城镇化水平、富裕程度、技术进步对城市生态环境质量（综合反映污染物排放量和环境治理能力）的影响。在生态足迹方面，孙克和徐中民（2016）通过构建基于地理加权回归的 STIR-PAT 模型，测算了人口数量、富裕程度、产业结构和城市化率等人文因素对我国各省份灰水足迹的影响。在水土资源方面，王康（2011）利用结构分解模型，分析了人口、富裕程度、用水强度和产业结构因子对甘肃省用水总量的影响。在能源消费和碳排放方面，Wang 等（2019）利用 1995～2014 年的中国省级数据，探讨了广东省二氧化碳排放的影响因素、变化趋势和减排潜力。此外，钟兴菊和龙少波（2016）将 STIRPAT 模型扩展，形成 POETICs（人口、组织、经济、技术、制度和文化）模型，重点研究制度因子 I 对环境压力的影响。顾程亮等（2016）也将原始模型中的人口因子 P 扩展为人口城镇化水平和产业城镇化水平，并加入产业结构、环境政策、政府用于节能环保的财政投入等指标，对区域生态效率的影响因素进行探究，研究发现，政府环境政策的执行力度与区域生态效率成正比，当政府加大对企业排污的处罚力度时，可以改善区域的生态效率，但是产生的贡献率不大。

总之，以 IPAT 模型为基础进行环境与社会因素协调发展的探索分析是当前实证研究的热点，研究者越来越重视对 T 因子进行各种扩展，分析社会背景如价值观、环境意识、文化特征、政府类型等因素对环境压力的影响，这些研究对于深刻理解"环境问题因何而生""环境问题如何解决"具有重要意义。

四、经济发展阶段理论

(一) 经济发展阶段理论概述

经济发展阶段理论是经济学的重要研究领域，旨在通过划分经济发展阶段，揭示社会经济特征的一般演变规律，发现经济发展的方向和途径，因此受到经济学家的一贯重视。

关于经济发展阶段的划分可以追溯到经济学创始初期。斯密在《国富论》中将人类经济社会发展分为狩猎、游牧、农耕三个阶段，沿袭了希腊和罗马时期的传统，表征市民社会之前经济的发展历程。随后，马克思（Marx）在《政治经济学批判》中提出基于历史唯物主义的经济发展阶段论，认为人类的经济社会历经了四次生产方式的变革：亚细亚、古代、封建和现代资本主义。19 世纪中期，德国经济学家李斯特（List）以生产部门的发展状况为标准，将社会经济发展分为五个阶段：原始未开化时期、畜牧时期、农业时期、农工业时期、农工商业时期（梁炜和任保平，2009）。

(二) 经济发展阶段的划分方法

现代意义上的经济阶段划分研究始于 20 世纪 20 年代，以胡佛和费希尔（Hoover 和 Fisher）、霍夫曼（Hoffman）、罗斯托（Rostow）、诺瑟姆（Northam）、钱纳里（Chenery）等为代表的经济学家从不同角度进行了探索，概括起来可以分为结构标准、总量标准、发展机制标准和综合标准四个类型。

以结构标准进行经济阶段划分的研究成果最为丰富，主要从工业化、城市化、消费升级、空间演化等角度，对区域经济发展阶段进行规律性总结。例如，德国经济学家霍夫曼在《工业化的阶段和类型》中提出，在工业化进程中消费资料产业和生产资料产业的比率呈下降趋势，根据这两类产业的比重，将经济发展划分为四个阶段：消费资料产业占支配地位时期、生产资料产业加快发展时期、两类产业处于数量持平时期、生产资料产业高于消费资料产业时期（周学，1994）。美国区域经济学家胡佛和费希尔在《区域经济增长研究》中提出，任何区域的经济增长都存在大体相同的产业结构变迁，这一"标准阶段次序"先后顺序为：自给自足经济阶段、乡村工业崛起阶段、农业生产结构转换阶段、工业化阶段、服务业输出阶段（陈映，2005）。美国经济学家罗斯托先后通过《经济成长阶段》和《政治和成长阶段》两本著作，从主导产业和消费结构的角度，提出区域经济发展的六阶段划分法：在传统社会阶段，农业处于首要地位；在为起飞创造基础阶段，主导部门通常是第一产业或劳动密集型制造业；在起飞阶段，主导部门通常是非耐用消费品生产部门和铁路运输业；在成熟阶段，主导部门是以钢铁、电力、重型机器制造为代表的重工业部门；在高消费阶段，主导部门是以汽车工业为代表的耐用消费品工业；在追求生活质量阶段，主导部门是服务业（王琨和闫伟，2017）。美国区域科学家弗里德曼（Friedmann）在《区域发展政策》一书中，提出了"中心—外围"理论，并以空间结构、产业结构等为标准，将区域经济发展分为前工业阶段、过渡阶段、工业阶段、后工业阶段，区域空间结构也会依次经历原始均衡、二元结构、空间一体化的演变过程。诺瑟姆（Northam）在《城市地理学》著作中，依据城市化进程的 Logistic 曲线，认为工业化初期的城市化为 25%，而发达经济初期城市化率提高到 75%（符淼和黄灼明，2008）。陈彦光和周一星（2005）对诺瑟姆的划分标准进行改进，认为应该根据数学模型的固有特征，以 19.04%、50.00%、80.96% 分别作为阶段划分的界限值。

在总量标准的研究中，钱纳里根据人均收入水平展开的经济发展阶段系列研究具有最高的代表性和认可度。钱纳里在《工业化和经济增长的比较研究》中指出，在不同收入水平下，经济发展变量显现出阶段性差异，并通过对不同收入组的多种产业结构转变的细致分析，认为人均 GDP 这一指标具有丰富的内涵，对于经济阶段划分具有重要代表性。他以 1970 年美元为标准，将经济发展分为初级产品生产、初级工业化、中级工业化、高级工业化、初级发达经济、高级发达经济六个阶段。此后，人均GDP成为区分经济发展阶段的最为常用的指标之一，在以世界银行为代表的国际组织中得到高度认可（齐元静等，2013）。除人均国民收入外，也有学者提出以采购经理指数（Purchasing Managers' Index，PMI）作为经济发展阶段的划分指标，因为PMI是国际上通行的经济监测指标体系，且格兰杰因果检验结果表明PMI是GDP的格兰杰原因（朱钰和吴小华，2014）。

以发展机制为标准进行经济发展阶段划分的研究旨在突破表象，通过内在发展动力揭示社会经济演化过程。依据动力的综合转化机制，日本经济学家青木昌彦在《经济发展的五个阶段与中日韩制度演化》一文中将经济发展划分为五个阶段，分别为：人口出现过剩直到拖累人均GDP增长的马尔萨斯阶段（Malthusian-phase）、政府主导升级与"赶超"的G阶段（G-phase）、经济增长受制于资源环境约束的库兹涅茨阶段（Kuznets-phase）、人力资本积累为动力的H阶段（Human Capital-phase）、"后人口因素"的Post-D阶段（Post-demographic Phase）（肖炎舜，2017）。波特（Porter）同样以发展动力的演化视角，认为不同时期区域竞争优势的来源不同，从而划分了经济发展的四个阶段：生产要素导向阶段、投资导向阶段、创新导向阶段和富裕导向阶段（迈克尔·波特，2012）。此外，一些学者依据某一特定的动力因子，进行了发展机制的研究和发展阶段的划分。在人口要素方面，费（Fei）和拉尼斯（Ranis）在《演化视角下的增长和发展》中，以刘易斯（Lewis）的二元经济理论为基础（传统农业占主体的阶段和现代工业为主导的阶段），依据剩余劳动力在传统部门的边际生产率变化，划分了三个发展阶段；随后，Wang和Piesse（2012）通过定义绝对剩余劳动力和相对剩余劳动力，对费和拉尼斯的阶段划分进行了重新表述：传统部门存在绝对剩余劳动力的第一阶段，传统部门仅存在相对剩余劳动力的第二阶段，传统部门的剩余劳动力完全消失（农业部门完全商业化）的第三阶段。加勒（Galor）在《统一增长理论》一书中，根据人口增长模式将经济发展过程划分为三个阶段：人口增长和技术进步缓慢的"马尔萨斯阶段"、人均收入和人口同时快速增长的"后马尔萨斯阶段"，以及人均收入和技术稳定增长、人口增速与人均收入负相关的"持续增长阶段"（王琨和闫伟，2017）。在技术要素方面，魏进平（2008）在区域创新系统理论的指导下，根据区域创新系统发展的特征和演变，将经济发展阶段与之对应，分为要素驱动、质量驱动、创新驱动和网络驱动四个阶段。

以综合标准进行经济发展阶段划分主要集中于一些实证应用研究，在综合前述多种划分标准的基础上，构建综合评价体系对某一对象的经济发展阶段进行刻画。例如，蒋清海（1990）以制度因素、产业结构、空间结构和总量水平为标准的评价体系；李晓西（2007）以国民收入水平、产业发展结构、城市化程度、消费水平以及科技实力为标准的评价体系；梁炜和任保平（2009）从经济总量水平、经济结构、制度水平的变化以及创新水平4个方面选取14个具体指标构建的评价体系；张健（2009）从区域经济总量、区域经济结构、区域经济增长力、区域空间结构、区域资源配置力、区域创新水平、区域开放水平和区域福利水平8个影响区域经济发展阶段的制约因素入手，选取35项具体指标形成的评价体系。

（三）不同经济发展阶段环境政策的选择

近几年，一些学者提出将环境政策与经济发展阶段相结合的设想。经济发展阶段决定区域经济发展任务、经济水平、技术水平、环境与生态标准等，所以，不同发展阶段的区域为保证区域效益最大化，应该采取不同的可持续发展路径，执行不同的可持续发展标准。鲁铭和孙卫东（2012）认为，如果将经济发展分为工业化前期、工业化中期、工业化后期和后工业化时期四个阶段，那么工业化前期和后工业化时期的环境标准应该较高，工业化中期和后期的环境标准应该相对低一些。蔡传里（2015）认为，由于不同地区的经济发展水平和经济发展模式存在不同，相应地，不同地区的环境规制强度和效果也会有所不同。陈仪等（2017）也认为，最优环境政策具有阶段性，并通过理论推演和实证分析发现，在经济发展的初级阶段，庇古税是更有效率的政策手段；而当经济发展到一定阶段，基于科斯定理的污染权交易将成为更有效率的政策手段。乔永璞和储成君（2018）指出，应该基于区域的经济发展和环境压力水平，选择不同的环境税、资源税组合，具体而言，在经济发展水平较高、环境压力较大的东部地区和部分中部地区，偏重于环境税；在经济发展水平较低、环境压力水平较小的西部地区和部分中部地区，偏重资源税政策。

因此，有必要深入探究不同发展阶段的城市之间环境可持续性政策的成效是否存在差异，研究适合不同发展阶段区域的可持续发展路径。

五、可持续发展理论

（一）可持续发展的缘起

当代可持续发展理念兴起于20世纪60年代，并于20世纪90年代起，由国家政府和国际组织大范围推行至实践领域。1962年，美国生物学家莱切尔·卡逊（Rachel Carson）发表《寂静的春天》，描绘了农药污染所导致的可怕景象，由此在世界范围内引发了对于经济发展观的争论。1972年，罗马俱乐部的德内拉·梅多斯（Dennis）和丹尼斯·梅多斯（Donella Meadows）在《增长的极限》一书中首次正式提出可持续发展的理念。同年6月，联合国在斯德哥尔摩召开"人类环境会议"并发表《人类环境宣言》，明确提出实施环境可持续发展战略。1987年，联合国环境与发展委员在《我们共同的未来》报告中科学论述了可持续发展的概念，即可持续发展是在满足当代人需求的同时，不损害人类后代的满足其自身需求的能力。1992年，在巴西里约热内卢举行的联合国环境与发展大会通过了包括《21 世纪议程》在内的 5 项文件和公约，自此，可持续发展思想被世界上绝大多数国家和组织承认和接受，人类社会进入一个新的发展探索期。

（二）可持续发展的理论内涵

可持续发展的理论内涵存在从以技术为中心的"弱可持续性"到以生态为中心的"强可持续性"的差异（见表 3-1）（Gibbs 等，1998），在区域发展实践中表现为继续以经济发展为重，还是以环境保护为主。以经济发展为主的观点（即支撑弱可持续性）认为，人力资本和自然资本之间存在很大程度的替代性，技术创新可以提高资源效率，减少单位经济活动的环境影响，在经济发展的同时，可以兼顾环境保护；依据需求层次和边际效益递减规律，在经济保持较高发展水平的同时，实施再分配性质的环境治理和保护行动，可以取得更大的综合收益，也具有更大的现实可行性（Zahran 等，2008；Krause，2012；Homsy 和 Warner，2015）。现有实践领域的城市环境可持续政策往往更倾向于上述这一价值取向与路径。以环境保护为主的观点（即支撑强可持续性）则认为，资源环境除了生产价值，还有许多无可替代的价值，因此应设立环境阈值，即使放弃部分经济利益，也不能允许经济活动导致环境质量和功能的不断下降。该分支的极端观点是赫尔曼·戴利（Herman Daly）和肯尼思·博尔丁（Kenneth Boulding）等学者提出的稳态经济观；较为温和的现实主义者提出，环境保护行为有助于培育新市场，产生新的经济增长点，从而提高区域整体竞争力（Porter 和 Van，1995；Mega，1996；Ambec 等，2013）。

（三）可持续发展的实践（转型路径）

在区域经济学视角下，可持续发展的实践主要以"城市和区域可持续转型"为主题展开研究。研究表明，城市和区域的转型过程来源于微观层面的复杂动力作用。因此，可持续发展转型研究的核心问题往往在于，这些微观

表 3-1 可持续发展的理论内涵

区域政策导向	可持续发展类型	理论内涵
绝对重视经济增长	极弱可持续性	随着时间的推移，资本总量保持稳定，人力资本和自然资本之间可完全替代；关键在于对可持续发展的给付意愿
偏重经济增长，兼顾环境保护	弱可持续性	对自然资本的使用设定了限制，其中某些自然资本是至关重要、不可替代的；考虑了预警原则、承载力等问题；但是发展仍是可权衡的
偏重环境保护，兼顾经济增长	强可持续性	生态系统功能和服务不只具有经济价值，还有许多无可替代的价值，因此无论社会效益如何，某些关键自然资本都绝不可损失
绝对重视环境保护	极强可持续性	建立基于热力学极限和约束的稳态经济系统，使物质和能量生产最小化

资料来源：根据 Gibbs 等（1998）的成果整理。

动力作用是什么，如何与城市（或区域）系统层面的长期转型过程相联系，以及分析行动者如何利用区域路径的可塑性，随着时间的推移，推动跨越多个"社会—技术系统"的可持续发展实践扩散，即实现整个区域的可持续发展转型。

从城市（或区域）的实践角度来看，在不同的"社会—技术系统"中实施和整合多种新的可持续解决方案，并使其适应当地的具体情况是城市可持续发展转型的瓶颈问题。Strambach 和 Pflitsch（2018）在研究中引入区域可持续性转型路径（Regional Transition Paths to Sustainability，RTPS）这一概念，并认为转型过程中以组织和制度的动态变化为特征，具体而言，一方面，存在特殊的行动者——疆界联结者（Boundary Spanners），他们同时参与多个系统，因此更有机会将外部体制与现有制度要素相结合，或根据外部体制调整现有制度要素，从而实现可持续发展转型目标；另一方面，在一个城市（区域）系统中，由于邻近经济（Proximity Economies）的作用，系统内的不同制度之间存在着互补性，这种互补性既可以起到稳定整体系统的作用，也可能通过联动实现转型的传导，从而开启整体系统的可持续性的逐步变革过程。此外，可持续发展转型研究中已经开始关注治理形式的重要性，这种治理形式需要涉及多种社会主体，从而解决复杂的可持续性挑战。例如，可持续性创新（Sustainable Innovations）需要平衡行动者的生态、经济、社会需求和目标，因此需要来自经济、政治、中介机构和公民社会的不同利益相关者的合作（Loorbach 和 Rotmans，2010；McCormick 等，2013；Bulkeley 等，2014），这些行动者需要结合自身资源、能力和知识，从而克服各种各样的问题与利益争端（Strambach 和 Klement，2013）。

综上所述，在可持续发展理论及相关研究的支持下，不同区域基于不同区位条件、发展阶段等，城市环境可持续政策的目标导向可以存在于从绝对重视经济增长到绝对重视环境保护之间的谱系上的任何一点，因此，考察城市环境可持续政策成效时需要兼顾经济维度与环境维度。同时，城市可持续发展转型需要多种社会主体通力合作，达成利益权衡。

六、生态现代化理论

（一）生态现代化的缘起

生态现代化于 20 世纪 80 年代由德国学者马丁·耶内克（Martin Jänicke）、约瑟夫·休伯（Joseph Huber）提出，此后经过荷兰学者格特·斯帕加伦（Gert Spaar－garen）、马藤·哈杰尔（Maarten Hajer）、阿瑟·摩尔（Arthur P. J. Mol），英国学者阿尔伯特·威尔（Albert Weale）和约瑟夫·墨菲（Joseph Murphy）等的发展深化，是围绕核心欧盟国家发展并拓展的战略概念。生态现代化概念源于对环境保护与经济增长不相容性的理论假定的反思，认为解决环境难题存在替代性思路，重点不在于对环境问题的政策法律监管和事后处理，重点在于环境问题的预防以及通过市场手段克服已有环境问题（郇庆治和马丁·耶内克，2010；郇庆治，2013）。

（二）生态现代化的内涵

生态现代化战略认为，通过市场竞争和国家推动下的绿色革新可以在促进经济繁荣的同时减少环境破坏，而不必对现行的经济社会制度结构和运作方式做大规模、深层次的重建。具体而言，生态现代化战略提出明智政策、市场机制、技术革新三大要素，明智政策、市场机制、技术革新之间的互动关系被解释为"政策周期""市场周期""革新周期"之间的复杂循环。"政策周期"向"市场周期"提供规制性的市场支持，"市场周期"向"革新周期"提供对二次革新的拉动，而"革新周期"向"政策周期"提供技术政策的新选择。生态现代化理念可以促成政府、科技界和工商业之间形成广泛性政治同盟，因此成为指导西方绿色新政的理论基石（郇庆治，2013）。需要特别说明的是，马丁·耶内克本人也承认，现有的绿色发展问题不能仅通过市场化的技术革新来解决，生态现代化尽管具有巨大的环境改善潜能，并可以带来局部性改善，但不足以从根本上解决生态环境问题（郇庆治和马丁·耶内克，2010）。因此，区域可持续发展仍需要更深远的结构性变革方案。

对于生态现代化的内涵，不同学者也提出不同理解。例如，与可持续性的强弱概念相类似，Christoff（2007）也将生态现代化概念分为强弱两种内涵，其中，弱生态现代化是技术的、单一的，而强生态现代化是沟通的、多样的。马藤·哈杰尔（Maarten Hajer）提出了"技术—行政式"（Techno-administrative）生态现代化和反思式（Reflexive）生态现代化，前者将生态转型视为仅由技术创新和行政管理决定，后者则包含了社会学习和公众参与的民主过程（孙蕾和李伟，2012）。国内相关权威研究成果是中国社科院发布的《中国现代化报告2007——生态现代化研究》，提出"生态现代化=生态进步×经济生态化×社会生态化×国际竞争"，其本质是"高效低耗、无毒无害、脱钩双赢、互利共生"（孔繁德等，2007）。

（三）生态现代化的实践

生态现代化概念最具代表性的实践是欧洲绿党的崛起及其授权发布的《欧洲绿色新政：危机背景下的绿色现代化之路》报告。此外，联合国环境规划署、经济合作与发展组织、不太激进的环境非政府组织①均支持生态现代化实践，先后发布了相关研究报告与实践项目，实践区域也从欧洲拓展到美洲以及东南亚等地。

生态现代化的应用主要体现在环境政策制定策略的转变上，即政府在环境政策决策方面的作用应该发生转变，要从"治疗性"向"预防性"转变，从"中心化"向"多元化"转变，从"封闭性"的精英决策向"广泛参与性"的民主协商转变，从依靠国家计划经济向依据实际社会背景进行筹划的方向转变（蒋俊明，2007）。具体而言，生态现代化治理的政策领域可以划分为生态资源保护、生态经济转型、生态社会建构三个层面（林丹，2016）。

由于生态现代化理论强调生态观念在转型中的作用，其丰富了城市环境可持续性政策手段，为城市环境可持续转型方式提供了有力的工具支撑。

第二节　核心概念

一、环境可持续性

（一）环境可持续性概念的起源

在可持续性概念形成初期，多数情况下其内涵约同于今天所说的环境可

---

① 如国际自然保护联盟（IUCN）、世界自然基金（WWF）等。

持续性（Environmental Sustainability），即在维持环境可持续的条件下进行经济和社会发展（Moldan 等，2012）。例如，1980 年世界自然保护联盟（IU-CN）、联合国环境规划署（UNEP）和世界自然基金会（WWF）共同编制的《世界自然保护大纲》（*World Conservation Strategy*）首次提出了可持续发展理念，认为人类必须认识到环境资源是有限的，因此应该节约资源，以确保支持所有生命的可持续的发展。

然而在随后的发展中，可持续性从相当模糊的原始概念发展为更加精确的"三支柱"概念范式，人们逐渐认识到在环境可持续性之外，经济可持续性（Economic Sustainability）和社会可持续性（Social Sustainability）也各有其自身的特色和价值（Goodland，1995；Campbell，1996；Vallance 等，2011）。鉴于此，有必要厘清环境可持续性的确切含义，而本书的研究也聚焦在环境可持续性问题之上。

一般认为"环境可持续性"这一词语源于世界银行的研究团队。1992年，世界银行在其发展报告中提到了"考虑环境责任的发展"（Environmentally Responsible Development）。随后，以世界银行负责环境可持续开发的副总裁伊斯梅尔·撒拉格尔丁（Ismail Serageldin）为代表的团队编写并发布了多本合辑，包括《环境可持续发展系列丛书》（*Environmentally Sustainable Development Proceedings Series*）、《供水、卫生和环境可持续性：融资挑战》（*Water Supply，Sanitation，and Environmental Sustainability：The Financing Challenge*）等，逐渐推广了"环境可持续发展"和"环境可持续性"概念[①]。时任世界银行环境顾问的 Goodland（1995）撰文阐明了环境可持续性、经济可持续性、社会可持续性三个概念各自的价值和区别。

---

① 一般情况下，"环境可持续性"和"环境可持续发展"两个概念在内涵上没有明显区别，环境可持续性概念多用于学术研究领域，环境可持续发展概念多用于实践行动领域，因此本书对两者不作区分。

（二）环境可持续性概念的内涵

环境可持续性这一概念受到越来越多的学术关注。根据 Goodland
（1995）最初的定义，环境可持续性是保护用于满足人类需求的材料源，并
确保废弃物排放不超过自然承载力，从而防止自然灾害，改善人类福祉。他还
指出，环境可持续性从源汇两端同时对经济子系统施加约束，以保持环境系统
的稳定。Holdren 等（1995）基于地球生物物理（Biogeophysical）视角，认为
环境可持续性意味着维持或改善地球生命支持系统的完整性，从而保障当代和
未来人类的经济和社会发展。此外，2009 年英国出现了新刊物《环境可持续性
的当代观点》（*Current Opinion in Environmental Sustainability*），这是第一本明
确关注并聚焦环境可持续性相关问题的学术期刊，目前属于 SCI 扩展版。

在实践应用领域，环境可持续性同样得到了各类组织和机构的广泛认同。
例如，美国国家科学基金会（US NSF）专门设立了一系列环境可持续性项目
（Environmental Sustainability Program），旨在支持致力于平衡生态保护和经济
稳定发展的工程项目，以及社会、行为和经济科学方面的研究。另外，澳大
利亚维多利亚州设立了环境可持续性专员，在其收到的战略咨询报告中，环
境可持续性被定义为"维持自然环境中有价值的要素的能力"，有价值的要
素包括人类生命、维持生存的必要环境基地、可再生和不可再生的各种生产
资料、宜居的生活环境等（Sutton，2004）。此外，对于环境可持续性概念具
有重要价值的是经合组织发布的《21 世纪第一个十年环境战略》（以下简称
《战略》）（OECD，2001），该《战略》不仅定义了环境可持续性的四个具
体特征（可再生性、可替代性、可消解性、避免不可逆性），还确定了五个
相互关联的环境政策目标，以便提高可持续发展的成本效益和可操作性，从
而有效衔接了环境可持续性的理念和实践。这五个政策目标分别为维护生态
系统的完整性、实现环境影响与经济增长脱钩、提高生活质量、增加过程监
管数据和决策信息源、增进全球环境治理与合作。

综上所述，多数学者和组织机构都认同环境可持续性作为区别于可持续性的独立概念，具有重要的研究和实践价值。同时，环境可持续性不仅强调环境系统的维护，更强调环境保护基础之上的发展，即解决"环境—经济"系统内的冲突，而不涉及社会公正的内涵（见图3-1）。因此，本书回归概念提出的初衷，认为环境可持续性就是在维持生态系统完整性和稳定性的条件下进行经济和社会发展，关键在于协调生态环境保护与经济发展之间的关系。

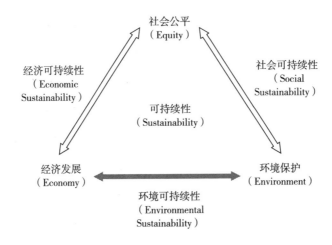

图3-1　环境可持续性概念内涵示意

资料来源：根据 Campbell（1996）的成果修改而成。

二、城市环境可持续性政策

城市环境可持续性政策就是城市政府为实现环境可持续性目标所执行的环境政策。具体而言，城市环境可持续性政策具有两个重要特征：第一，以城市政府为实施主体，因此，具体内容是城市政府在考察地方自然和人文背景并权衡本地多方利益的基础上，为落实中央环境战略而执行的一系列具体行动措施；第二，以环境可持续性为实施目标，因此，关键在于协调生态环境保护与经济发展之间的关系，不仅是维持环境系统内部的稳定，保护民众的环境公共利益，还包括环境—经济的协同发展与环境社会资本的培育。

　　一方面，城市政府是环境可持续性政策的实施主体。这一特征可以进一步分解为三个方面：第一，城市层面是实践环境可持续性政策的最佳场所，因为城市是人口、资源消耗和污染排放集中的地方（Roy，2009；UN DESA，2018），高度城市化导致城市生态系统受到严重威胁（IPCC，2018），而不同城市面临的环境发展问题具有差异性，即城市政府更靠近矛盾的前线，更容易形成针对性的环境可持续发展方案，也应该形成差异性的发展方案。第二，城市政府是平衡环境—经济关系过程中权力最大、掌握资源最多的主体，但不是唯一主体，利益相关者还包括地方企业、民众、环保主义者等，各方诉求能够影响政府行动，即城市政府在执行环境可持续性政策时需要权衡多方利益。第三，城市政府制定的环境可持续性政策受到更高行政级别战略决策的影响，虽然欧美国家城市可持续发展和规划的责任主要在于城市政府和其他地方机构（Feldman 和 Jonas，2000），中央政府对城市行动的影响有限，但是中国作为政府主导型的社会，城市环境可持续性政策很大程度上来源于对中央环境政策的落实，因此表现为执行政策的一系列具体行动。

　　另一方面，环境可持续性是城市政府的施政目标，也就是协调生态环境保护与经济发展之间的关系。与传统的环境政策相比，环境可持续性政策的治理目标更为广泛，不仅追求环境保护，也追求与环保相关的经济效益和社会资本（陈劭锋等，2008）。传统意义的环境政策主要基于庇古税与科斯定律，将外部效应内部化，实施末端治理、环境修复等行动，主要目的是减少生态环境的破坏，通常认为这类环境政策对实物资本的积累具有挤出效应（Joshi 等，2001；Elíasson 和 Turnovsky，2003），因此，虽然调整了环境系统和经济系统的关系，但是无法实现环境系统和经济系统的双赢。然而随着生态现代化理论的提出，环境可持续性政策的实践形式日趋多样化，相继出现绿色新政（UNEP，2009）、自愿参与型环境政策（尹艳冰和吴文东，2009）、社会制衡型环境经济政策（崔义中和阚明晖，2011）、复合型环境治理（张萍等，2017）等新型环境政策概念，强调发展节能环保产业、提高生态环保创新、建立环境监管平台、促进社会民众参与等政策措施，旨在变革经济系统的组织形式，实现环境系统和经济系统的双赢。因此，借鉴 Saha 和 Paterson（2008）、陈劭锋等（2008）、林丹（2016）的分类标准，根据政策目标，将城市政府执行的环境可持续性政策划分为宜居环境政策、绿色经济政策、生态社会政策三类，每类政策的特征如表 3-2 所示。

表 3-2 城市环境可持续性政策的类型划分与特征

政策类型	具体内容	政策目标
宜居环境政策	生态保护、环境修复、宜居城市建设、末端治理等	降低对环境系统的损害
绿色经济政策	创建新兴绿色市场、节约资源能源、发展绿色技术创新等	实现环境—经济双赢
生态社会政策	环境信息监管、民众生态教育等	培育生态文明的社会资本

第一类被称为宜居环境政策，这类政策的主要目的是降低环境系统的损害，提高环境质量，包括生态保护、环境修复、宜居城市建设、末端治理等具体措施；第二类以实现环境—经济系统双赢为目标的政策被称为绿色经济政策，主要包括创建新兴绿色市场、节约资源能源、发展绿色技术创新等方面，该类政策更为强调在不损害经济效益的基础上降低对环境的破坏；第三类以培育生态文明的社会资本为目标的政策被称为生态社会政策，主要包括环境信息监管、民众生态教育等方面，该类政策的作用在于积累社会资本，为解决环境—经济矛盾提供社会保障。

需要特别说明的是，三类城市环境可持续性政策虽然在名称中涉及环境、经济、社会三个方面，但是共同目标是解决环境系统和经济系统的资源冲突，实现环境可持续发展。这与环境可持续性、经济可持续性、社会可持续性的内涵存在很大差异。

综上所述，本书认为城市环境可持续性政策是城市政府为协调环境保护和经济发展之间的矛盾，在考察地方自然和人文背景并权衡本地多方利益的基础上，为落实中央环境战略决策而执行的一系列具体行动措施。城市环境可持续性政策具有多重目标，不仅追求环境保护，也追求与环保相关的经济效益和社会资本，因此可以分为宜居环境政策、绿色经济政策、生态社会政策三类具体行动方向。由于不同类型的环境可持续性政策具有不同的政策目标，因此很可能受到不同驱动因子的影响，也会产生不同的实施效果。因此，为下文驱动因子和实施成效的分析提供了基础。

第三节　理论框架

一、政策驱动因子的理论模型

根据利益集团规制理论，城市政府作为环境可持续性政策的制定者，受到来自利益集团对其施加的压力，而利益集团至少可以包括企业、环保主义者以及未组织起来的社会公众（李顼峰，2007）。同时，参考城市环境政策治理体系和驱动因素的研究成果，很多学者在研究中还补充了地方环境因素、经济基础等地方特征（Lubell 等，2009；Sharp 等，2011；Hawkins 等，2016）。此外，结合中国制度背景，城市政府基于政绩考核、职务安全等政治约束，其政策制定很可能受到中央政府决策的影响（邱桂杰和齐贺，2011；吕守军等，2015）（见图3-2）。

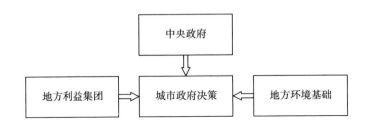

图3-2　城市政府环境决策的驱动因子示意图

资料来源：根据吕守军等（2015）修改。

综上所述，从政治和经济激励等方面分析，影响城市政府实施环境可持续性政策的积极性的驱动因子包括以下几个方面：第一，中央政策导向。包括直接作用和间接作用两个方面，直接作用即城市政府出于考核、晋升等目的，贯彻中央政府绿色发展的施政方针；间接作用指城市政府受到中央政策调控，与邻近区域共同实施环境行动，降低本地政策成效溢出的风险。第二，基层环保意愿。即基层个体出于环保意识觉醒、环保新兴市场等正向原因，或经济利益损害等负向原因，敦促或阻碍城市政府的环境可持续发展行动。第三，地方环境基础。包括自然环境基础和经济环境基础两个方面，自然环境基础是指根据需求导向，当发展的压力使当地的资源稀缺、环境恶化时，可持续发展政策能够提供最大的效益；经济环境基础是指城市的财政能力可能影响环境可持续发展行动的积极性，取决于环境可持续性政策的属性，再分配性政策往往需要一定的经济基础，而发展性政策则不受影响。

根据上述分析，形成城市环境可持续性政策驱动因子的理论模型：

$$EP = f\ (UP, RT, BE) \tag{3-1}$$

其中，EP 表示城市环境可持续性政策执行力度（政策出台情况），根据其内涵，可以进一步分为宜居环境政策力度（TEP）、绿色经济政策力度（GEP）、生态社会政策力度（SEP）三部分；UP、RT、BE 分别代表中央政策导向、基层环保意愿、地方环境基础三个可能影响环境可持续性政策执行力度的因素。

二、政策实施成效的理论模型

（一）政策的经济成效

以波特假说为基础，在生产函数中加入表征城市环境可持续性政策执行力度的制度因子，重点分析城市环境可持续性政策的经济成效。同时，考虑到不同经济发展阶段政策实施可能存在的差异性，因此，构建城市经济发展的门槛模型（假设存在一个门槛）：

$$EcP = f(EP,\ CI,\ LI,\ TI)$$

$$\begin{cases} EcP_1 = f(EP,\ CI,\ LI,\ TI),\ q \leqslant \gamma \\ EcP_2 = f(EP,\ CI,\ LI,\ TI),\ q > \gamma \end{cases} \tag{3-2}$$

其中，EcP 表示城市经济成效；EP 表示环境可持续性政策执行力度，同样分为宜居环境政策力度（TEP）、绿色经济政策力度（GEP）、生态社会政策力度（SEP）三部分；CI、LI、TI 分别表示影响城市经济绩效的资本投入、劳动力投入和技术投入；q 表示门槛变量，表征城市的发展阶段和特征；γ 表示识别出的特定门槛值。

（二）政策的环境成效

以区域环境压力理论为基础，将 IPAT 模型（或 STIRPAT 模型）中的其他效益因子 T 分解为环境技术水平和环境政策执行力度，共同刻画单位消费或单位生产所产生的环境影响，重点考察城市环境可持续性政策的环境成效。

此外，考虑到不同经济发展阶段政策实施可能存在的差异性，最终构建形成城市环境压力的门槛模型：

$$EvP = f(EP, PP, AF, TH)$$

$$\begin{cases} EvP_1 = f(EP, PP, AF, TH), & q \leqslant \gamma \\ EvP_2 = f(EP, PP, AF, TH), & q > \gamma \end{cases} \qquad (3-3)$$

其中，EvP 表示城市环境成效；EP 表示环境可持续性政策执行力度，分为宜居环境政策力度（TEP）、绿色经济政策力度（GEP）、生态社会政策力度（SEP）三部分；PP、AF、TH 分别表示影响城市环境绩效的人口规模、富裕程度和技术水平；q 表示门槛变量，表征城市的发展阶段和特征；γ 表示识别出的特定门槛值。

三、政策类型与驱动因子的关系

中央政策导向、基层环保意愿、地方环境基础等因素都有可能影响城市政府实施环境可持续性政策的积极性，但是由于环境可持续性政策本身包含多种类型，不同类型的政策具有不同的属性和目标，因此，各个驱动因素对于不同类型的政策可能呈现出相同的作用效果，也可能呈现出不同的作用方向和作用大小。下面依次对各个因素的作用效果进行理论假设。

（一）中央政策导向对不同类型政策的影响

根据环境治理体系的中央政府主导论的观点，中央政策导向应该对城市政府环境可持续发展的意愿具有重要积极影响。本书假设这种影响成立，并可能存在如下两种作用机理：

第一，反思城市政府生态管理困境的一批学者普遍认为，官员考核和监管机制的不完善是制约城市政府重视可持续发展行动的重要原因之一（邱桂杰和齐贺，2011；崔晶，2016）。2015 年 8 月，中共中央、国务院正式颁布并施行《党政领导干部生态环境损害责任追究办法（试行）》。越发严格的监管机制将有助于城市政府更加切实执行中央政府的生态文明和可持续发展理念。第二，城市尺度的环境保护行动很可能面临跨越行政区的治理困境，保护收益和破坏成本都很可能蔓延到邻近地区，这种外部性决定了区域协同治理的必要性。中央政府可以直接规划或协助形成区域协同的环境治理方案，从而避免部分城市可能采取的"搭便车"和机会主义策略，减少城市之间的监控和执行成本，确保地方可持续发展行动的成效和积极性。

虽然我们将环境可持续性政策划分为三种类型，但是根据中央政府主导论的观点，城市政府只是机械性地执行中央决策。因此，上述两种作用机理理论上应该适用于所有三类政策。此外，从减少环境治理外部性的角度，邻近城市的政策执行力度加大会促进本地政府实施宜居环境政策。从中央政策直接监管的角度，城市政府对于某类政策的原生积极性越低，受到中央政策的直接影响越大。宜居环境政策出现最早，城市政府的认知基础较好，绿色经济政策次之，生态社会政策在城市政府中的原生积极性最低。

综上所述，本章提出如下假设：

假设1：中央政府的环保政策导向可能通过落实监管力度和提升区域协同治理，对城市环境可持续发展意愿具有显著的积极影响。

假设1-1：中央政府环保政策的直接作用效果取决于城市政府对于某类政策的原生积极性，生态社会政策受到的作用效果最大，绿色经济政策次之，宜居环境政策最小。

假设1-2：中央政府环保政策的间接作用效果通过促进邻近城市的协同作用而体现，对宜居环境政策的促进作用最大。

（二）基层环保意愿对不同类型政策的影响

根据环境治理体系的城市政府主导论的观点，城市内部具有充足的推动力支持环境可持续性政策的实施，最重要的推动力来源于地方利益集团。即基层环保意愿对城市环境可持续性政策的出台具有显著的积极作用。

根据这一假设，虽然城市存在不同的利益群体，这些利益群体在实施可持续发展战略过程中有着不同的诉求，但是仍然会对某类环境可持续性政策有所侧重。

第一，在传统的城市增长机器理论的指导下，谋求经济发展的利益群体会在地方政治中占据上风，他们通常以制造业企业为代表。一方面，波特假说及其大量实证研究认为，设计良好的环境规制可以促进企业创新，从而可能抵消污染治理带来的成本，并提高竞争力（Porter 和 Van，1995；Ambec 等，2013；余伟和陈强，2015）。另一方面，生产节能环保装备和节能环保产品的制造业企业属于绿色产业（或节能环保产业），他们应该尤其支持绿色经济政策。总而言之，如果环境可持续发展能够带来经济效益，实现环境质量和经济机会之间的协同发展，那么发展性利益群体也可能成为可持续发展政策的支持者。对应不同类型的城市环境可持续性政策，虽然无法支持宜居环境政策和生态社会政策，但是以制造业企业为代表的发展性利益群体可能对于绿色经济政策具有推动作用。

第二，城市中存在着纯粹追求环境等公共利益的群体，即第三部门，包括环保类社会组织和社会企业（Davies 和 Mullin，2011）。他们致力于推广环境保护等可持续发展理念，并推动制定有利于资源长期利用和环境保护的政策。因此，应该对各类环境可持续性政策都产生显著的积极影响。

此外，居民意愿对于环境可持续发展政策的制定同样至关重要。基于发达国家的研究成果表明，公众对环境的关注能够促使城市政府切实推进各种发展举措，并提高政策成功的可能性（Portney 和 Berry，2010；Wang 等，2014）。总体而言，普通民众意愿应该对各类环境可持续性政策都产生积极影响，尤其是与民众基础最为息息相关的生态社会政策。

综上所述，本书将基层环保意愿分为发展性利益群体、环保性利益群体、居民环保意愿三个维度予以分析，本章提出如下假设：

假设 2：基层环保意愿对城市的环境可持续发展意愿具有显著积极影响。

假设 2-1：发展性利益群体对于环保可持续性政策的态度取决于政策属性（是否带来经济效益），因此，对绿色经济政策会产生积极作用。

假设 2-2：环保性利益群体对三类环境可持续性政策都会产生积极推动作用。

假设 2-3：居民环保意愿对三类城市环境可持续性政策都具有促进作用，对生态社会政策的作用效果最大。

（三）地方环境基础对不同类型政策的影响

地方环境基础包括自然环境基础和经济环境基础两个方面。同样根据环境治理体系的城市政府主导论的观点，地方环境基础也是城市出台环境可持续政策的重要推动因素，即地方环境基础对城市环境可持续政策的执行力度具有显著的正向影响。

就自然环境基础而言，越来越多的城市可持续发展政策文献认为，可持续发展政策的推行取决于各类生态环境问题的严重性。这些研究成果表明，自然环境压力推动了城市可持续性政策的发展（Ramirez de la Cruz，2009；Lubell 等，2009），城市的增长率越高，其总体规划越能体现出可持续性（Conroy 和 Berke，2004）。因此，基于生态资源稀缺性和边际效应造成的激励作用，自然环境压力越大，对环境可持续性政策的需求越大，对不同类型的环境政策应该具有相似的作用效果。而宜居环境政策作为以治理环境为首要目的的政策，收到的作用效果应该最大。

城市的经济基础对政府的施政方向有着直接影响。很多研究者认为财政状况良好的城市更可能实施可持续发展政策（郎友兴和周津象，2007；Krause，2012；Homsy 和 Warner，2015），他们认为环境可持续发展政策属于再分配性政策，城市政府为了"综合效益最大化"而采取环境治理行动。本书一直强调环境可持续性政策具有多重属性，因此，地方经济基础对不同类型政策的影响效果应该不同。宜居环境政策作为再分配性政策，应该受到地方经济基础的影响，经济实力雄厚的城市更积极实施环境治理。绿色经济政策具有发展性政策的属性，旨在追求环境—经济的双赢，因此其实施力度应该与地方经济基础无关，甚至经济基础较弱的地区更有可能热衷于实施可持续发展，从而实现后发优势和跨越式发展。居民环保意愿与社会经济水平息息相关，从这个意义上来讲，生态社会政策的实施需要地方经济发展水平作为支撑，所以也会受到地方经济基础的显著影响。

综上所述，本章提出如下假设：

假设3：地方环境基础对城市的环境可持续发展意愿具有显著积极影响。

假设3-1：地方自然环境压力对城市环境可持续性政策具有积极影响，在三类政策中，对宜居环境政策的作用效果最大。

假设3-2：地方经济环境基础对城市环境可持续性政策的影响取决于政策类型，经济基础条件良好、财政收入水平高的城市更有可能实施宜居环境政策和生态社会政策，而绿色经济政策的实施不会受到地方经济基础的影响。

根据以上对三类因素与不同类型城市环境可持续性政策的关系的分析，共提出10项具体假设（见表3-3），本书第五章将对这些假设进行——验证。

表3-3　城市环境可持续性政策类型与驱动因子的关系假设

驱动因子与政策类型	关系假设
中央政策导向 对不同类型政策的影响	假设1：中央政府的环保政策导向可能通过落实监管力度和提升区域协同治理，对城市环境可持续发展意愿具有显著的积极影响
	假设1-1：中央政府环保政策的直接作用效果取决于城市政府对于某类政策的原生积极性，生态社会政策受到的作用效果最大，绿色经济政策次之，宜居环境政策最小
	假设1-2：中央政府环保政策的间接作用效果通过促进邻近城市的协同作用而体现，对宜居环境政策的促进作用最大

续表

驱动因子与政策类型	关系假设
基层环保意愿 对不同类型政策的影响	假设2：基层环保意愿对城市的环境可持续发展意愿具有显著积极影响
	假设2-1：发展性利益群体对于环保可持续性政策的态度取决于政策属性（是否带来经济效益），因此，对绿色经济政策会产生积极作用
	假设2-2：环保性利益群体对三类环境可持续性政策都会产生积极推动作用
	假设2-3：居民环保意愿对三类城市环境可持续性政策都具有促进作用，对生态社会政策的作用效果最大
地方环境基础 对不同类型政策的影响	假设3：地方环境基础对城市的环境可持续发展意愿具有显著积极影响
	假设3-1：地方自然环境压力对城市环境可持续性政策具有积极影响，在三类政策中，对宜居环境政策的作用效果最大
	假设3-2：地方经济环境基础对城市环境可持续性政策的影响取决于政策类型，经济基础条件良好、财政收入水平高的城市更有可能实施宜居环境政策和生态社会政策，而绿色经济政策的实施不会受到地方经济基础的影响

资料来源：笔者自绘。

其中最为核心的内容是：若假设 1 成立，假设 2 或假设 3 不成立，表明中央政府在环境治理体系中具有主导地位；若假设 1 不成立，假设 2 或假设 3 成立，表明城市政府在环境治理体系中具有主导地位；若假设 1、假设 2、假设 3 同时成立，表明城市政府和中央政府都在环境治理体系中发挥重要作用。

四、政策类型与实施成效的关系

本书以波特假说和区域环境压力理论为基础，分别构建城市环境可持续性政策的经济成效模型和环境成效模型，旨在探索不同类型的环境可持续性政策对于城市经济和环境发展的影响有何差异。一方面，由于不同类型的环境可持续性政策具有不同属性和目标，显然会对城市的经济和环境成效产生不同的作用结果；另一方面，各类环境政策的实施效果可能受到经济发展阶段的制约。因此，下面依次对宜居环境政策、绿色经济政策、生态社会政策在不同发展阶段的经济成效和环境成效进行理论假设。

（一）宜居环境政策对经济成效的影响

宜居环境政策的主要目的是保护生态环境。从区域整体角度而言，环境治理需要大笔经济开销；从企业角度而言，环境标准提高会增加生产成本。因此，对经济效益产生不利影响。例如，强永昌（2002）通过构建两部门的污染排放均衡模型，指出环境标准的提高会推动环境治理要素投入的增加，从而提高成本。Elíasson 和 Turnovsky（2003）考察了直接管制等形式的环境政策对经济增长的作用，结果表明，严格的环境政策会导致资本回报率下降，制约资本积累，从而对经济增长率造成消极作用。

然而，随着城市经济发展水平的提高，这种制约作用可能会降低，主要来源于产业驱动要素的变迁，城市对宜居环境政策制约性的耐受力将逐渐提高。胡佛、费希尔和罗斯托的经济发展阶段理论都表明，不同发展阶段的城市经济具有不同的主导产业，从工业化到后工业化时期，以资源投入驱动的产业逐渐被资本和智力投入驱动的产业所取代。在实证研究中，程都和李钢（2017）基于《中国经济学人》2016 年四季度的调查数据，发现我国的环境政策对经济的影响存在区域差异，西部地区对环境政策的承受能力低于中东部地区。此外，良好的自然人居环境也是吸引高端人才和高端产业发展的重要条件（朱志敏，2013）。在经济发展水平较高时，优质的环境质量有利于人力资本积累，这对以智力投入驱动为主的产业体系影响更大，对高端产业发展的促进可能会抵消环境治理的成本。因此，综合两种效应，在经济发展水平较高的城市，宜居环境政策的实施和城市生态建设对经济成效的制约作用会减小，甚至起到促进作用。

综上所述，本章提出如下假设：

假设4：在不同的经济发展水平下，宜居环境政策对城市经济成效的影响存在差异。

假设4-1：随着经济发展水平的提高，宜居环境政策对城市经济成效的制约作用逐渐减小。

（二）绿色经济政策对经济成效的影响

绿色经济政策以促进节能环保产业和生态环保创新为主，一般而言，可以通过开发绿色产品新市场、塑造绿色技术优势，促进城市经济发展。波特假说就是从技术创新角度描述这一效应的理论之一，大量实证研究成果印证了存在促进作用（Lanoie 等，2011；陈琪，2013；俞雅乖和张芳芳，2016）。以德国、日本等国家为代表的绿色新政和节能环保产业发展已经取得了不错的成效（董立延，2012；舒绍福，2016），在我国，循环经济、节能环保产业等正在成为一些城市和地区的新兴经济增长点（李社增和种项谭，2011；张中华和张沛，2015）。

然而，城市对绿色经济政策的重视也可能对产业发展造成不良影响，这种影响可以分为两个方面：第一，污染避难所效应。在环境政策的作用下，污染严重的资源密集型产业要从发达地区向欠发达地区转移。例如，沈静和魏成（2012）通过对广东省 21 个地级市的研究，发现环境政策促进了污染密集型产业由珠三角地区转向非珠三角地区。如果没有更高效益的产业续借，这种转移会对迁出地的经济增长造成损害。Wu 等（2023）通过分析中国城市水污染治理案例，认为城市环境监管会导致企业空间迁移，因此环境政策可能在短期有效，但其长期有效性会被削弱。第二，产业结构倒退效应。即对于第三产业较发达、产业发展水平整体较高的城市，盲目跟风发展以第二产业门类和静脉产业为主的节能环保产业，从而也有可能对整体经济绩效产生消极影响。葛建军和韩龙（2010）通过对全国第一次经济普查数据进行比较发现，在第三产业中行业利润率最高的是信息传输、计算机服务和软件业，其次是教育服务业，而商务服务业的利润率排名较低（节能环保服务业属于商务服务业）。贾利军和王之润（2010）也发现，在所有工业领域中废旧材料回收加工业的利润率同样较低。根据财富中文网发布的《财富》2017 年中国 500 强排行榜，在利润率最高的 40 家企业中金融机构占了 32 家，占比高达 80%（财富中文网，2017）。在对各个城市的"十三五"规划文本进行详细分析的过程中可以发现，上海、武汉等城市对于金融、信息等产业的重视程度远远高于节能环保产业。因此，从经济绩效方面而言，绿色经济政策并不适用于这些产业结构完成升级的后工业化城市。综合上述两种效益，绿色经济政策对经济发展水平较高的城市可能产生不利影响。

综上所述，本章提出如下假设：

假设 5：在不同的经济发展水平下，绿色经济政策对城市经济成效的影响存在差异。

假设 5-1：随着经济发展水平的提高，绿色经济政策对城市经济成效的促进作用逐渐减小。

（三）生态社会政策对经济成效的影响

生态社会政策对经济发展的影响作用较为间接，环保意识的提升总体有利于经济发展和环境保护的双赢。在生态社会政策的影响下，民众的环保意识与行动逐渐内化为社会资本，由于社会资本的积累速度提高，依靠高强度的资源投入换取经济增长的压力得到缓解，从而减少了污染物排放、改善了环境质量。反之，环境质量的提高有助于产生积极的外部经济效应，进一步缓解资源投入推动经济增长的压力，形成螺旋式增长，这就是环保意识的提升驱动经济增长与环境保护的作用机理（万建香和梅国平，2012；高建刚，2016）。

同时，随着城市社会经济的发展，民众的环保意识逐渐提高，这也有可能影响生态社会政策的经济绩效。经济情况较好的群体对环境质量的需求较高（骆玉葭，1998；王玉娟等，2018），经济增长不再是第一要务，汇集到区域层面，甚至呈现"为了环境保护，宁可放慢经济发展速度"的现象。因此，对经济增长的促进作用降低。

综上所述，本章提出如下假设：

假设6：在不同的经济发展水平下，生态社会政策对城市经济成效的影响存在差异。

假设6-1：随着经济发展水平的提高，生态社会政策对城市经济成效的促进作用逐渐减小。

（四）宜居环境政策对环境成效的影响

以环境治理为主要目的的宜居环境政策应该对城市环境质量具有直接促进作用。在《水污染防治法》《关于全面推行河长制的意见》等政策的指导下，各城市出台一系列具体的水污染防治措施和行动，截至2018年7月，以长江经济带为重点的70个城市共完成黑臭水体整治919个，占所有黑臭水体的65.6%。虽然部分学者认为，以末端治理为主的环境政策无法有效地减少经济增长所引起的环境成本（张卫东和汪海，2007）。但是多数学者的实证研究成果表明，政府的环境治理投资对于环境污染物的削减作用最大（张华明等，2017），各类环境政策工具对于改善环境质量具有不同程度的促进作用（曾冰等，2016）。

目前，并没有发现宜居环境政策的环境治理成效受到城市经济水平影响的确切证据。因此，通常而言，宜居环境政策对环境成效的影响不应受到经济发展阶段的作用。

综上所述，本章提出如下假设：

假设7：在不同的经济发展水平下，宜居环境政策对城市环境成效的影响不存在差异。

假设7-1：宜居环境政策对城市环境成效具有促进作用。

（五）绿色经济政策对环境成效的影响

绿色经济政策对城市环境的影响存在不确定性。在相对意义上，绿色产业与其他产业领域相比，应该具有环境绩效的优势（李国迎等，2009；黄义乔等，2015；刘晶茹等，2016）。但是，在绝对意义上，绿色产业在生产过程中同样会产生能源消耗和废物排放，在绝对数值上对于环境污染的贡献是正向的。特别是新能源产业，其能否称为绿色产业仍然存在很大的争议，新能源的消费相比传统燃料更为清洁，但是新能源的生产同时产生了大量污染与能耗（傅蔚冈，2011；罗来军等，2015）。因此，绿色经济政策对城市环境的影响无法一言以蔽之，其对于城市的环境污染排放没有绝对意义上的削减作用。

与宜居环境政策类似，绿色经济政策对环境成效的相对影响和绝对影响，不受经济发展阶段差异的作用。

综上所述，本章提出如下假设：

假设8：在不同的经济发展水平下，绿色经济政策对城市环境成效的影响不存在差异。

假设8-1：绿色经济政策对城市环境成效具有绝对意义上的消极作用。

（六）生态社会政策对环境成效的影响

生态社会政策对城市环境的影响应该是积极的，同其经济成效类似，在生态社会政策的影响下，民众的环保意识与行动逐渐内化为社会资本，形成环境需求，从而影响城市污染排放和环境质量（万建香和梅国平，2012；高建刚，2016）。

同样，生态社会政策对环境成效的影响不应受到经济发展阶段的作用。

综上所述，本章提出如下假设：

假设9：在不同的经济发展水平下，生态社会政策对城市环境成效的影响不存在差异。

假设 9-1: 生态社会政策对城市环境成效具有促进作用。

以上分别对三个类型的城市环境可持续性政策与经济/环境成效和发展阶段的关系进行了细致分析,共提出 12 项具体假设(见表 3-4),本书的第六章将对这些假设进行一一验证。

表 3-4 城市环境可持续性政策类型与实施成效和发展阶段的关系假设

政策类型与 实施成效	关系假设
宜居环境政策 的经济成效	假设 4: 在不同的经济发展水平下,宜居环境政策对城市经济成效的影响存在差异
	假设 4-1: 随着经济发展水平的提高,宜居环境政策对城市经济成效的制约作用逐渐减小
绿色经济政策 的经济成效	假设 5: 在不同的经济发展水平下,绿色经济政策对城市经济成效的影响存在差异
	假设 5-1: 随着经济发展水平的提高,绿色经济政策对城市经济成效的促进作用逐渐减小
生态社会政策 的经济成效	假设 6: 在不同的经济发展水平下,生态社会政策对城市经济成效的影响存在差异
	假设 6-1: 随着经济发展水平的提高,生态社会政策对城市经济成效的促进作用逐渐减小
宜居环境政策 的环境成效	假设 7: 在不同的经济发展水平下,宜居环境政策对城市环境成效的影响不存在差异
	假设 7-1: 宜居环境政策对城市环境成效具有促进作用
绿色经济政策 的环境成效	假设 8: 在不同的经济发展水平下,绿色经济政策对城市环境成效的影响不存在差异
	假设 8-1: 绿色经济政策对城市环境成效具有绝对数值上的消极作用
生态社会政策 的环境成效	假设 9: 在不同的经济发展水平下,生态社会政策对城市环境成效的影响不存在差异
	假设 9-1: 生态社会政策对城市环境成效具有促进作用

资料来源: 笔者自绘。

需要特别说明的是,如果假设 4、假设 5、假设 6 全部成立或部分成立,表明城市环境可持续性政策的成效的确受到城市经济发展阶段的影响,波特假说的成立是有条件的，只在处于特定发展阶段的城市成立。如果假设4、假设5、假设6全部不成立，表明波特假说的成立不受城市经济发展阶段的影响。

第四节　本章小结

以治理目标为划分依据，本书将城市环境可持续性政策分为宜居环境政策、绿色经济政策、生态社会政策三类。由于三类政策的治理目标具有差异，在实践过程中受到的驱动因子和实施成效也不尽相同。

根据利益集团规制理论的研究视角和对相关研究成果的梳理，将影响各类城市环境可持续性政策执行力度（即政策出台情况）的驱动因素归纳为三个方面：中央政策导向、基层环保意愿、地方环境基础。通过建立回归模型，评价各驱动因子的显著性，可以了解城市政府在环境治理体系中是否占据主导地位。

同时，在波特假说、区域环境压力理论、经济发展阶段理论的基础上，分别建立不同经济发展阶段城市环境可持续性政策的经济成效门槛模型和环境成效门槛模型。通过检验门槛因子的显著性，可以了解环境可持续性政策的成效是否受到城市经济发展阶段的影响，进而推断波特假说成立的条件。

最后，从政策周期的角度对政策出台的驱动因子、不同类型政策的现状、政策实施成效进行系统性梳理，构建"动因—现状—成效"的城市环境可持续性政策理论分析整体框架。可以梳理不同类型环境可持续性政策的特征和适用性，为城市提供差异性的政策措施建议。

各类政策与驱动因子、实施成效的理论作用效果如图3-3所示。

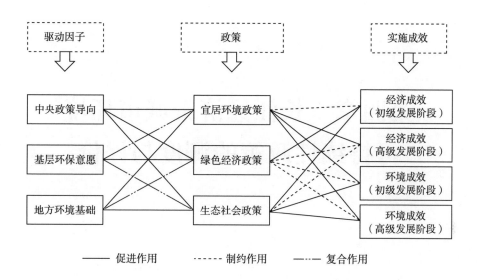

图 3-3 城市环境可持续性政策理论框架

资料来源：笔者自绘。

第四章 长江经济带城市环境 可持续性政策的测度与评价

长江经济带是我国"共抓大保护、不搞大开发"的生态文明实践区，是在环境优先的前提下谋求高质量发展的先行试验区，与环境可持续发展的内涵高度一致，因此，十分适合作为城市环境可持续性政策的研究案例区。

长江流域的环境保护和经济发展问题由来已久，本书根据《长江经济带发展规划纲要》的界定，以长江流域九省两市为研究区域，包括上海、江苏、浙江、安徽、江西、湖北、湖南、重庆、四川、贵州、云南的 110 个地级及以上城市。受限于数据获取与数据质量，以往的环境可持续发展政策研究很少涉及城市尺度的大样本定量分析（张成等，2011）。因此，本章通过政策文本分析，形成城市层面环境可持续性政策的定量测度方法，从而建立长江经济带城市环境可持续性政策数据库，对长江经济带城市环境可持续性政策的执行力度进行系统评价，为后文驱动因子和实施成效的研究提供数据支撑。

第一节　政策执行力度的测度方法

城市环境可持续性政策的测度方法分为四个步骤：第一，通过系统梳理和分类归并国内外相关研究中涉及的城市环境可持续性政策，形成长江经济带城市环境可持续性政策类型的备选资料库；第二，以长江经济带各个城市"十三五"规划纲要文本为对象，采用内容分析法中的开放性译码，整理形成长江经济带城市环境可持续性政策的实践资料库；第三，将备选资料库和实践资料库数据进行对比筛选，确定合适的政策划分方法，形成长江经济带城市环境可持续性政策清单；第四，根据具体政策的定量化表述和内容篇幅，对该城市该项政策强度进行赋值。

一、梳理政策清单研究成果

国内外学者从可持续发展内涵和环境政策两个角度入手，在实践中对城市环境可持续性政策进行了界定和梳理。其中，列出明确政策条目的部分代表性研究成果，整理如下：

Portney（2003）描绘了34个构成"可持续城市重视程度指数"的因素，与可持续环境治理相关的有六大类共计30项：①精明增长活动：生态工业园区的发展。②土地利用规划方案、政策和分区规划：生态村项目或计划；棕地再开发（项目或试点项目）；划定环境敏感区；在土地利用综合规划中考虑环境问题；促进环保发展的税收优惠政策。③交通规划方案和政策：城市公共交通运营（公共汽车和/或地铁）；限制市中心的停车位；设置共乘车道（钻石车道）；城市车辆使用替代燃料；提倡使用自行车。④预防和减少污染的举措：家庭固体废物的回收；工业废弃物的回收；危险废物的回收；减少空气污染的项目（即 VOC 减排）；市政采购可再生产品；（美国政府的）有毒废物堆场污染清除基金项目；石棉减排项目；铅涂料减排项目。⑤保护能源资源并提高使用效率的倡议：绿色建筑项目；市政使用可再生能源；（绿色建筑项目之外的）节能项目；向消费者供应替代能源（太阳能、风能、沼气等）；节水项目。⑥组织、行政、管理、协调和治理：负责实施可持续性的专门政府机构或非营利机构；将可持续发展行动作为城市综合规划的一部分；市、县或都市区议会的参与；市长或执政官员的参与；商界的参与（商会）；公众参与（公众听证会、"愿景"制定过程、社区团体或协会等）。

Jepson（2004）将可持续发展定义为 39 项政策和技术。其中，与环境可持续发展相关的有 29 项，包括设立农业区（鼓励和保护商品农业的特殊区域），实施农业保护分区①，自行车倡议，棕地重建，社区绿化，共居住房，生态工业园区，生态足迹分析，绿地设计规范，绿色建筑规定，绿色采购，绿色地图（通过对生态和社会资源的定位、识别和解释，阐明自然和设计环境之间相互联系的地图），绿色土地项目资助（专门资助以保护自然资源为目的的土地征用项目），绿道开发，热岛效应分析，填充式开发（以补贴和调控为手段，鼓励开发空置、废弃、未开发的城市地段），公共建筑生命周期分析，发展低排放量机动车，新传统发展（也被称为精明增长），开敞空间分区规划（要求新建筑位于指定地块上，余下的开敞空间受到永久保护），购买发展权（市政当局从划定为特殊保护区的土地拥有者那里购买发展权），鼓励使用太阳能，固体废弃物全生命周期管理，交通需求管理（通过应用与交通管制、公共停车和公共交通有关的战略来减少汽车使用），城市增长边界（在社区周围划定边界，并综合应用分区准则，将高密度的城市发展限制

---

① 限制农业区中不符合商品农业用地的最大密度（即每 50 英亩或以上最多一个居住单元）。

在该区域内，区域之外只允许低密度的农村发展，而且规定长期有效），城市林业规划，城市生态系统分析（通过在社区规划和发展监管中运用地理信息系统技术，测量绿色景观结构，以林木覆盖为重点），野生动物栖息地/绿色廊道规划，风能开发。

Conroy（2006）参考了 Berke 和 Conroy（2000）提出的六项可持续发展原则（与自然和谐、宜居的建筑环境、因地制宜的地方经济、公平、污染者付费和承担区域责任），最终确定了 16 项可持续性政策活动，其中 12 项与环境可持续发展相关，包括区域协调、回收和废物最小化、绿色建筑、混合开发或紧凑发展、环境约束、公众参与、绿色产业、棕地重建或填充、促进替代式交通方式、污染者付费、保护自然资源、节能。

Saha 和 Paterson（2008）确定了 36 项促进地方可持续发展的倡议，其中与环境政策相关的有五大类共计 21 项，分别为：①能源效率措施：向消费者提供的替代能源、节能行动（绿色建筑项目除外）、环境场所设计规范、绿色建筑项目、城市政府的可再生能源利用。②污染防治和减排措施：人行道设立回收设施、社区环境教育项目、绿色采购、水质保护项目、自然资源保护措施、环境敏感区域保护、开敞空间保护项目。③交通规划措施：内城公共交通运营（公交车和/或地铁）、交通需求管理。④环境保护过程监管：生态足迹分析。⑤精明增长措施：农业保护分区、棕地重建、生态工业园发展、建成区填充式发展、促进环境友好发展的税收优惠、控制城市增长边界和/或城市服务边界。

Lubell 等（2009）通过收集城市的档案信息和实际调研，确立了八大类共计 50 项可持续性政策，其中与环境可持续发展相关的政策有 38 项，包括：①污染防治：空气污染防治项目、利用有毒废物堆场污染清除基金实施土壤修复项目、石棉减排计划、家庭固体废物回收、家庭危险废物回收、家庭绿色废物回收、商业固体废物回收、商业危险废物回收、工业循环利用、城市政府再生制品采购。②经济发展/再发展：生态工业园区发展、棕地开发。③

土地利用：在综合土地利用规划中识别环境敏感区、根据环境敏感区实施生态栖息地保护规划、辖区内威廉森法案（Williamson Act）保护的土地状况（农用地和开敞空间用地）、对威廉森法案的支持、设置最低密度、生态村项目。④实施分区：划分绿色区域、划分农业区域、确定城市增长边界。⑤交通：交通影响分析、公共交通系统、市区停车限制、共享车道项目、机动车使用代用燃料、自行车项目。⑥资源节约：商业绿色建筑项目、节能项目、城市政府可再生能源利用项目、消费者使用替代能源、节水项目。⑦绿色标签与绿色组织（或项目）成员：城市绿色标签、国际地方环境倡议理事会（International Council for Local Environmental Initiatives）成员、气候保护运动城市（Cities for Climate Protection Campaign）成员、签署市长气候保护计划（Mayors' Climate Protection）。⑧管理与协调：可持续发展机构/非营利组织、综合规划中设立可持续发展目标。

Kwon 等（2014）根据 2010 年国际市/县管理协会（ICMA）对 8569 个美国地方政府气候保护和能源可持续发展行动的调查数据，确定了与气候保护、能源可持续发展相关的地方行动共计 25 项。其中，①气候保护 8 项，包括城市温室气体排放标准、社区温室气体排放标准、市政运营的温室气体减排目标、企业温室气体减排目标、多户住宅的温室气体减排目标、单户住宅的温室气体减排目标、减少灰尘和颗粒物的空气污染措施、树木保护和种植计划。②节能行动 17 项，包括为市政用车建立节能指标、增加购买节能车辆、购买混合动力车、购买使用压缩天然气（CNG）的车辆、安装电动汽车充电站、对政府建筑进行能源审计、安装能源管理系统（控制建筑物的供暖和制冷）、尽量购买能源之星认证的设备、升级或改造办公室照明设施、升级或改造交通信号灯、升级或改装路灯和/或其他外部照明、升级或改装暖气和空调系统、升级或改装供水系统和下水道系统的泵机、使用与黑暗天空兼容的室外灯具、安装太阳能电池板、安装地热能系统、通过垃圾污水处理或填埋等发电。

简新华和彭善枝（2003）根据世界银行提供的环境政策矩阵，根据可持续发展的基本含义，构建了中国环境政策矩阵。该体系将环境政策分为利用市场、创建市场、实施环境法规、鼓励公众参与四大类。其中，利用市场政策大致包括排污收费、废物处置费、环境基金的有偿使用、专项补贴、减少补贴、资源税等；创建市场政策包括排污权交易；环境法规包括"三同时"制度、环境质量标准与排污标准、资源有偿开发制度、各种禁令、污染排放许可证；鼓励公众参与政策包括向公众公布环境治理状况、推广绿色食品和生态标志、在重大工程建设项目的环境评价中实行公众调查。

林丹（2016）在分析生态现代化治理政策时，根据新加坡、阿姆斯特丹、斯图加特等城市的发展经验，将政策分为生态资源保护、生态经济转型、生态社会建构三个层面，共计11大类30项。其中，①生态资源保护政策包括水源利用与保护（溪流、湖泊、地面再自然化，多渠道开源的水资源可持续利用，用水需求管理，公私合作的公共水资源管理）；土地资源利用与保护（严格控制产业布局和环境污染的超前规划，以紧凑城市发展模式支撑土地保护，跨区域土地利用协调）；大气污染治理（立法限制污染排放，区域联防联控）；生物多样性保护（构建绿道及生态网络，棕地绿化）。②生态经济转型政策包括生态农业发展（促进有机农业发展，构建农业生态循环系统）；生态工业发展（生态工业技术体系、法制体系以及管理体系）；生态服务业发展（建立政府绿色投资基金，公私合作搭建绿色金融平台）。③生态社会构建政策包括废物管理策略（源头控污、限量净化、污水再生，整体化的垃圾处理设施建设，垃圾减量化与资源化，公私合作进行废物管理与再利用）；绿色能源（推广多能源利用，公共建筑能源管理，私人投资者能源管制）；绿色交通（编制环境友好的城市交通发展规划，建设多制式整合的公共交通网络，保障环境友好的自行车交通，一体化的行政管理体制与机制、投资建设体制及需求管理政策，形成合作伙伴关系共同管理城市交通）；绿色社会（以政府作为、社会共管的方式促进区域生态与环境公平，第三方参与信息提供与咨询）。

根据理论框架部分对城市环境可持续性政策的定义，本书将上述研究成果按照宜居环境政策、绿色经济政策、生态社会政策三种进行归类，整理结果如表4-1所示，作为长江经济带城市环境可持续性政策的备选资料库。

表4-1　国内外城市环境可持续性政策整理

来源	宜居环境政策	绿色经济政策	生态社会政策
Portney（2003）	棕地再开发 划定环境敏感区 在土地利用综合规划中考虑环境问题 促进环保发展的税收优惠政策 工业废弃物的回收 危险废物的回收 城市车辆使用替代燃料 减少空气污染的项目 有毒废物堆场污染清除基金项目 石棉减排项目 铅涂料减排项目 绿色建筑项目 （绿色建筑项目之外的）节能项目 节水项目	生态工业园区 向消费者供应替代能源	生态村项目或计划 城市公共交通运营 限制市中心的停车位 设置共乘车道 提倡使用自行车 家庭固体废物的回收 市政采购可再生产品 市政使用可再生能源 负责实施可持续性的专门政府机构或非营利机构 将可持续发展行动作为城市综合规划的一部分 市、县或都市区议会的参与 市长或执政官员的参与 商界的参与 公众参与
Jepson（2004）	棕地重建 社区绿化 绿地设计规范 绿色建筑规定 绿色土地项目资助 绿道开发 填充式开发 精明增长 开敞空间分区规划 购买发展权 城市增长边界 城市林业规划 野生动物栖息地/绿色廊道规划 设立农业区 实施农业保护分区	生态工业园区 固体废弃物全生命周期管理 风能开发	自行车倡议 共居住房 绿色采购 生态足迹分析 热岛效应分析 公共建筑生命周期分析 城市生态系统分析 绿色地图 发展低排放量机动车 交通需求管理 鼓励使用太阳能

续表

来源	宜居环境政策	绿色经济政策	生态社会政策
Conroy (2006)	绿色建筑 混合开发或紧凑发展 棕地重建或填充 环境约束 污染者付费 保护自然资源 节能	绿色产业	区域协调 回收和废物最小化 公众参与 促进替代式交通方式
Saha 和 Paterson (2008)	节能行动（绿色建筑项目除外） 绿色建筑项目 环境场所设计规范 水质保护项目 自然资源保护措施 环境敏感区域保护 开敞空间保护项目 农业保护分区 棕地重建 建成区填充式发展 控制城市增长边界和/或城市服务边界 促进环境友好发展的税收优惠	生态工业园发展	向消费者提供的替代能源 城市政府的可再生能源利用 人行道设立回收设施 社区环境教育项目 绿色采购 内城公共交通运营 交通需求管理 生态足迹分析
Lubell 等 (2009)	空气污染防治项目 利用有毒废物堆场污染清除基金 实施土壤修复项目 石棉减排计划 商业固体废物回收 商业危险废物回收 棕地开发 在综合土地利用规划中识别环境敏感区 根据环境敏感区实施生态栖息地保护规划 辖区内威廉森法案保护的土地状况 对威廉森法案的支持 设置最低密度 划分绿色区域 划分农业区域 确定城市增长边界 商业绿色建筑项目 节能项目 节水项目	工业循环利用 生态工业园区发展	家庭固体废物回收 家庭危险废物回收 家庭绿色废物回收 城市政府再生制品采购 生态村项目 交通影响分析 公共交通系统 市区停车限制 共享车道项目 机动车使用代用燃料 自行车项目 城市政府可再生能源利用项目 消费者使用替代能源 城市绿色标签 国际地方环境倡议理事会成员 气候保护运动城市成员 签署市长气候保护计划 可持续发展机构/非营利组织 综合规划中设立可持续发展目标

来源	宜居环境政策	绿色经济政策	生态社会政策
Kwon 等 （2014）	地方政府温室气体排放标准 企业温室气体减排目标 减少灰尘和颗粒物的空气污染措施 树木保护和种植计划 安装建筑物能源管理系统 升级或改装暖气和空调系统 升级或改装供水系统和下水道系统的泵机 使用与黑暗天空兼容的室外灯具	通过垃圾污水处理或填埋等发电	社区温室气体排放标准 市政运营的温室气体减排目标 多户住宅的温室气体减排目标 单户住宅的温室气体减排目标 为市政用车建立节能指标 增加购买节能车辆 购买混合动力车 购买使用压缩天然气的车辆 安装电动汽车充电站 对政府建筑进行能源审计 尽量购买能源之星认证的设备 升级或改造办公室照明设施 升级或改造交通信号灯 升级或改装路灯和其他外部照明 安装地热能系统 安装太阳能电池板
简新华和 彭善枝 （2003）	排污收费 废物处置费 环境基金的有偿使用 专项补贴 减少补贴 资源税 "三同时"制度 环境质量标准与排污标准 资源有偿开发制度 各种禁令 污染排放许可证	排污权交易	向公众公布环境治理状况 推广绿色食品和生态标志 在重大工程建设项目的环境评价中实行公众调查
林丹 （2016）	水系、地面再自然化 多渠道开源的水资源可持续利用 用水需求管理 公私合作的公共水资源管理 严格控制产业布局和环境污染的超前规划 以紧凑城市发展模式支撑土地保护 立法限制污染排放 构建绿道及生态网络 棕地绿化 源头控污、限量净化、污水再生 整体化的垃圾处理设施建设 垃圾减量化与资源化	促进有机农业发展 构建农业生态循环系统 生态工业技术体系、法制体系以及管理体系 建立生态服务业政府绿色投资基金 公私合作搭建绿色金融平台 公私合作进行废物管理与再利用 第三方参与信息提供与咨询	跨区域土地利用协调 区域联防联控大气污染 推广多能源利用 公共建筑能源管理 私人投资者能源管制 编制环境友好的城市交通发展规划 建设多制式整合的公共交通网络 保障环境友好的自行车交通 一体化的交通需求管理政策 形成合作伙伴关系共同管理城市交通 以政府作为、社会共管的方式促进区域生态与环境公平

资料来源：笔者整理。

二、收集长江经济带政策信息

受限于数据获取与数据质量，环境可持续发展政策及相关研究很少涉及城市尺度的定量分析。在少量已有的研究中，我国学者多用环境污染排放量综合指数这一指标间接代表城市政策强度（赵霄伟，2014；黄志基等，2015；贺灿飞等，2016）。然而，用结果指标表征投入情况，忽视了政策作用过程的差异性，因此受到很大质疑。同时，这一政策作用过程也正是本书考察的重点之一，所以必须选择可行的直接手段，对城市环境可持续性政策情况进行描述。

近几年，通过政策文本分析法获取政策实施情况开始出现在环境相关政策的研究领域。文本分析法是一种将文献内容的定量分析与定性分析有机结合的语言分析方法，它可用于分析所有可记录、可保存的有价值的文件，具有客观性、系统性、定量与定性相结合的特点（李钢，2007；刘伟，2014）。文本分析法起源于"二战"期间的新闻研究，很快被传播学和政治学研究所用。经过多年来学科交叉研究的推进，应用范围逐渐扩展到整个社会科学领域（陈维军，2001）。应用到公共政策的文本分析之中，衍生出政策内容分析法。

政策内容分析法能够直接准确地反映政策现状，但是因为与统计数据相比所需工作量较大，因此应用人数仍然较少。已有研究成果包括：Lubell 等（2009）以美国加州中央山谷地区的城市为研究对象，通过搜集城市总体规划、城市法规、政府网站和其他网络资源等档案信息（Archival Information），并实施标准化编码，从而对各个城市的环境可持续性政策发展情况进行了评价。许阳等（2016）采用此方法，对 1979 年以来我国中央层面的 161 项海洋环境保护法规进行了深入分析。杨志军等（2017）也采用此方法，对我国改革开放以来中央政府颁布的水、大气和土壤三个方面的 43 项环境治理政策文本进行了分析，重点考察政府在命令强制型、经济激励型及社会自愿型等环境治理工具选择上的一般规律及其偏好。

为了了解并统一刻画城市层面的环境可持续性政策情况，本书采用政策内容分析法，收集各城市的环境政策文本材料进行分析。考虑到各城市环境政策文本范围广泛、数量众多、标准不一，为了保证政策文本及数据的代表性和横向可比性，最终选取标准化程度最高、内容信息最全面、可获得文本的城市数量最多的各城市《中华人民共和国国民经济与社会发展第十三个五年规划纲要》作为分析对象。相较而言，各城市《政府工作报告》的标准化程度和可获取性同样很好，但是内容相对简略，很难提取细化之后的环境可持续性政策情况；而各城市"'十三五'生态环境保护规划"或"低碳发展规划"等专项规划的内容更具体、针对性更强，但是公开发布该规划的城市数量很少，文本获取难度大。最终，在长江经济带 110 个地级及以上城市中，共获得 109 个城市的"十三五"规划文本①。

对各城市"十三五"规划文本的内容分析具体分为三个步骤：首先，对 109 份文本进行第一轮内容筛选，节选出与环境可持续性政策相关的内容片段；同时对每个片段进行"贴标签"，总体掌握长江经济带城市的政策实施情况，共得到原始内容片段 9260 个。其次，参考国内外城市环境可持续性政策整理而成的政策备选资料库信息，结合长江经济带城市的具体政策内容，对内容片段进行概念化归类、分解或删减，剩余 9093 个内容片段；将这些内容片段逐层归并，形成长江经济带城市环境可持续性政策清单，共计 35 项，明确每项政策的具体范围。最后，根据明确范围的各项政策，对 9093 个内容片段的归属进行复查。

---

① 云南省临沧市的"十三五"规划文本暂时无法获取。

三、形成长江经济带政策清单

长江经济带城市环境可持续性政策清单如表4-2所示，分为三大类别35项具体政策。首先，宜居环境政策有14项，主要目的是提高环境质量，包括宜居城市建设、生态保护、环境修复、末端减排治理等方面的内容。其中，宜居城市建设政策有建成区绿色廊道/开敞空间建设、海绵城市建设、绿色建筑行动、噪声治理4项；生态保护政策有城市林木种植、环境敏感区域保护、生物多样性保护3项；环境修复政策有水环境修复、棕地重建2项；末端治理政策有废水减排、固体废弃物减排、危险废弃物处理/重金属污染防治、交通系统废气减排、其他领域废气减排5项。

表4-2 长江经济带城市环境可持续性政策清单

政策类别	具体政策条目	政策说明
宜居环境政策	（1）建成区绿色廊道/开敞空间建设	涉及城区绿化覆盖率、人均绿地面积/人均公园绿地面积等指标
	（2）海绵城市建设	海绵城市建设试点，涉及地面渗透率等指标
	（3）绿色建筑行动	涉及新建建筑按照二星及以上绿色建筑标准设计建造的比例等指标
	（4）噪声治理	反映区域噪声环境质量
	（5）城市林木种植	涉及森林覆盖率、活立木蓄积量、新增造林面积等指标
	（6）环境敏感区域保护	如水源地、湿地、自然保护区等，涉及集中式饮用水源水质达标率、湿地保有率等指标
	（7）生物多样性保护	涉及重点物种保护率等指标
	（8）废水减排	涉及化学需氧量排放总量减少、氨氮排放总量减少、污水处理率、工业污水排放达标率等指标
	（9）水环境修复	涉及重点水功能区水质达标率、好于Ⅲ类水体比例、劣Ⅴ类水比例等指标

政策类别	具体政策条目	政策说明
宜居环境政策	（10）固体废弃物减排	主要指固废的无害化、减量化处理，涉及生活垃圾无害化处理率等指标
	（11）危险废弃物处理/重金属污染防治	涉及危险废物安全处置率等指标
	（12）棕地重建	治理受污染的工业用地，包括废弃宕口整治、矿山修复、土地复垦等
	（13）交通系统废气减排	包括防治城市扬尘、减少机动车污染等，涉及机动车环保标志核发率、黄标车淘汰率等指标
	（14）其他领域废气减排	其他涉及二氧化硫排放总量减少、氮氧化物排放总量减少的措施
绿色经济政策	（15）产业节水改造	涉及万元GDP用水量下降、工业用水重复利用率、再生水利用率等指标
	（16）建设用地节约集约利用	包括提高城镇低效用地利用效率、盘活存量用地的具体举措，涉及万元生产总值建设用地消耗、建设用地总量控制等指标
	（17）产业节能改造	涉及单位工业增加值标准煤耗下降、单位工业增加值二氧化碳排放量等指标
	（18）生态工业园区/循环经济	重点强调园区循环化改造，参考2017年、2018年通过验收的国家园区循环化改造示范试点
	（19）节能环保技术装备和产品制造业发展	包括工业锅炉、电机系统、照明和家电、绿色建材、大气污染防治、水污染防治、土壤污染防治、噪声和振动控制等产业发展
	（20）城市矿产和再制造产业发展	包括尾矿资源化、工业废渣、再生资源（包括餐厨垃圾）、再制造等产业，涉及再生资源主要品种回收率、工业固体废弃物综合利用率、矿产资源综合利用率等指标，参考2017年、2018年通过验收的餐厨废弃物资源化利用和无害化处理试点城市、国家城市矿产示范基地，以及2017年通过验收的国家再制造试点
	（21）节能环保服务业发展	包括节能节水服务、环境污染第三方治理、环境监测和咨询服务、资源循环利用服务等行业，包括碳排放交易试点城市

续表

政策类别	具体政策条目	政策说明
绿色经济政策	(22) 传统服务业绿色化	包括绿色物流、绿色酒店、生态旅游等产业
	(23) 绿色农业发展	主要反映绿色有机农产品发展情况，涉及"三品一标"质量认证数量/比例等指标
	(24) 开发新能源	包括太阳能、风能、生物质能等，涉及非化石能源占一次能源消费比重、新增风电场和光伏电站装机规模等指标
	(25) 生态补偿	包括域内和跨区域两种
	(26) 生态扶贫	包括光伏扶贫、生态补偿扶贫、生态公益性岗位等
	(27) 生态技术创新	包括生态环保领域科技攻关工程、科技示范工程，企业绿色技术创新等
生态社会政策	(28) 环保教育行动与设施	倡导绿色生活方式，包括生态文明知识宣教活动、环保教育基地建设、节能环保标兵建设等
	(29) 生活垃圾分类	包括回收站点、分拣中心和集散市场建设，涉及生活垃圾资源化率等指标
	(30) 鼓励绿色出行	包括公共交通、自行车和步行，公交专用道、慢行交通系统建设，涉及公共交通出行分担率等指标
	(31) 鼓励使用新能源汽车	建设城市快充站和充电桩，涉及新能源公交车占比等指标
	(32) 政府部门绿色采购	除了采购绿色商品，还包括实施绿色标志认证、无纸化办公、公共机构节能等
	(33) 城市资源环境监管与环保大数据	利用信息化手段辅助环境保护过程的监管，如GIS平台建设等，包括资源环境承载能力监控与信息发布，污染物监测与信息发布，重点能耗企业、重点污染企业监测与信息发布，企业环保信用数据库等
	(34) 环境组织发展	促进城市环保类社会组织发展
	(35) 区域联合治理	城市之间的环境协同治理行动

资料来源：笔者根据长江经济带各城市《中华人民共和国国民经济与社会发展第十三个五年规划纲要》和国内外相关政策研究整理所得。

其次，绿色经济政策有13项，主要目的是在保护环境的同时增加经济效益（节约成本或增加收益），从而实现环境—经济的双赢，包括节约资源能源、创建新兴绿色市场、发展绿色技术创新等内容。其中，节约资源能源政策包括产业节水改造、产业节能改造、建设用地节约集约利用 3 项；创建新兴绿色市场政策包括生态工业园区/循环经济、节能环保技术装备和产品制造业发展、城市矿产和再制造产业发展、节能环保服务业发展①、传统服务业绿色化、绿色农业发展、开发新能源②、生态补偿、生态扶贫 9 项；发展绿色技术创新包括生态技术创新 1 项。

最后，生态社会政策有 8 项，主要目的是转变居民和政府的生活工作方式，保障环境治理顺利实施，构建面向可持续发展的社会基础，包括生态教育、环保监管等内容。其中，生态教育政策包括环保教育行动与设施、生活垃圾分类、鼓励绿色出行、鼓励使用新能源汽车、政府部门绿色采购 5 项；环保监管政策包括城市资源环境监管与环保大数据、环境组织发展、区域联合治理 3 项。

需要特别说明的是，第一，海洋、草地等特殊生态系统保护具有显著的地域性，因此没有单独列为一项政策，对于涉及这些政策的城市，相关内容分别整合进水环境修复或环境敏感区域保护部分；第二，资源产权制度改革、税收制度改革等措施的主要推动力不在地方，且所有城市的规划文本中都涉及相关内容而没有实质性地方措施，因此没有列为城市环境可持续性政策项目。

四、实现政策执行力度定量化

完成 35 项政策清单和 109 个城市规划文本的匹配之后，9093 个内容片段被分配在 35×109 的政策内容矩阵中。矩阵中的某一项可能包括多个内容片段，

---

① 根据国家《"十三五"节能环保产业发展规划》和国家统计局《战略性新兴产业分类（2012）》，将节能环保产业细分为节能环保技术装备和产品制造业、城市矿产和再制造产业、节能环保服务业三部分，分别进行发展政策统计。

② 根据本书的政策划分标准，开发新能源、发展新能源产业属于直接促进地方绿色经济发展的经济政策，而鼓励居民使用新能源属于转向绿色生活方式的社会政策。

也可能没有内容片段（在本书构建的政策矩阵中，有 567 项为空值，不含内容片段，占总项数的 14.86%；最大的项包含 12 条内容片段）。城市环境可持续性政策的定量化就是对这一政策矩阵的每一项进行赋值（见表 4-3）。

表 4-3　政策矩阵样表

	CITY1	...	CITYj	...	CITY109
POLICY1					
...					
POLICYi					
...					
POLICY35					

本书采用的赋值方法兼顾了每一项的内容表述和篇幅。第一步，根据每一项的内容表述进行记分，具体方法为：若该项的内容片段的表述中，设置了明确的指标数值或列出了具体的实施项目，则记 2 分；若只是泛化的表述，记为 1 分；若该项下属没有内容片段，记为 0 分（用 C_{ij} 表示，代表 j 城市 i 政策的内容 C）。

第二步，根据每一项的篇幅长短进行记分，具体方法为：计算政策内容矩阵每一项中所有内容片段的字数之和；并用每一项的字数除以该项所在城市规划的总字数，得到每个城市单项政策的字频；再以行为单位，对每项政策的字频进行 0-1 标准化，最终的标准化字频记为 F_{ij}（表示 j 城市 i 政策的标准化字频 F）。

第三步，合并政策内容矩阵中每一项的内容得分（C_{ij}）和篇幅得分（F_{ij}）。具体方法为：

若 $C_{ij} = F_{ij} = 0$，那么 $P_{ij} = 0$；

若 $C_{ij} \neq 0$ 且 $F_{ij} \neq 0$，那么 $P_{ij} = C_{ij} + F_{ij} - 1$

P_{ij} 表示 j 城市 i 政策的执行力度得分，直接反映 j 城市 i 政策的出台情况。数学含义是：若 j 城市的规划文本中没有涉及 i 政策，那么政策执行力度得分为 0；若 j 城市的规划文本中仅对 i 政策进行了泛化描述，那么根据相关描述的篇幅，政策执行力度得分取值在 0~1；若 j 城市的规划文本中对 i 政策设置了定量任务或具体行动计划，那么根据相关描述的篇幅，政策执行力度得分取值在 1~2。

第二节　政策执行力度的评价与空间分异

一、政策执行力度的评价

（一）具体政策评价

根据上述方法对长江经济带各城市的"十三五"规划纲要文本进行分析评分，最终得到 35×109 的政策得分矩阵（P_{ij}）。该矩阵的一些统计性描述信息如表 4-4 所示。

表 4-4　政策得分矩阵（P_{ij}）的统计特征

政策类别	具体政策条目	最小得分	最大得分	平均得分	得分标准差	得分变异系数
宜居环境政策	（1）建成区绿色廊道/开敞空间建设	0.000	2.000	0.865	0.613	0.705
	（2）海绵城市建设	0.000	2.000	0.428	0.568	1.319
	（3）绿色建筑行动	0.000	2.000	0.546	0.627	1.144
	（4）噪声治理	0.000	1.410	0.127	0.288	2.249
	（5）城市林木种植	0.055	2.000	1.291	0.289	0.223
	（6）环境敏感区域保护	0.038	2.000	1.117	0.514	0.458
	（7）生物多样性保护	0.000	2.000	0.403	0.555	1.372

续表

政策类别	具体政策条目	最小得分	最大得分	平均得分	得分标准差	得分变异系数
宜居环境政策	（8）废水减排	0.000	2.000	1.167	0.457	0.390
	（9）水环境修复	0.000	2.000	1.081	0.472	0.435
	（10）固体废弃物减排	0.000	2.000	1.181	0.566	0.477
	（11）危险废弃物处理/重金属污染防治	0.000	1.720	0.458	0.556	1.209
	（12）棕地重建	0.000	2.000	0.531	0.600	1.126
	（13）交通系统废气减排	0.000	2.000	0.396	0.476	1.197
	（14）其他领域废气减排	0.000	2.000	0.481	0.525	1.087
绿色经济政策	（15）产业节水改造	0.000	2.000	1.107	0.584	0.525
	（16）建设用地节约集约利用	0.000	1.630	0.749	0.550	0.731
	（17）产业节能改造	0.000	2.000	0.697	0.628	0.896
	（18）生态工业园区	0.000	1.936	0.610	0.558	0.911
	（19）节能环保技术装备和产品制造业发展	0.000	2.000	0.803	0.569	0.706
	（20）城市矿产和再制造产业发展	0.000	2.000	0.954	0.556	0.580
	（21）节能环保服务业发展	0.000	2.000	0.465	0.521	1.116
	（22）传统服务业绿色化和其他绿色产业发展	0.000	1.059	0.169	0.195	1.149
	（23）绿色农业发展	0.000	2.000	0.895	0.620	0.689
	（24）开发新能源	0.000	2.000	1.211	0.393	0.323
	（25）生态补偿	0.000	2.000	0.400	0.521	1.296
	（26）生态扶贫	0.000	2.000	0.325	0.443	1.355
	（27）生态技术创新	0.000	2.000	0.516	0.625	1.206
生态社会政策	（28）环保教育行动与设施	0.000	1.631	0.325	0.397	1.216
	（29）生活垃圾分类	0.000	2.000	0.261	0.439	1.675
	（30）鼓励绿色出行	0.000	2.000	0.542	0.593	1.088
	（31）鼓励使用新能源汽车	0.000	2.000	0.386	0.516	1.332
	（32）政府部门绿色采购	0.000	2.000	0.286	0.406	1.411
	（33）城市资源环境监管与环保大数据	0.000	2.000	0.331	0.395	1.188
	（34）环境组织发展	0.000	1.000	0.084	0.216	2.571
	（35）区域联合治理	0.000	1.644	0.236	0.272	1.155

资料来源：根据对长江经济带各城市《中华人民共和国国民经济与社会发展第十三个五年规划纲要》文本定量化分析获取。

根据政策得分矩阵（P_{ij}）的统计信息，可以了解长江经济带城市环境可持续性政策的概况。首先，就最小得分而言，多数政策的最小得分为 0，说明这些政策在至少一个城市的规划文本中没有受到重视；只有"城市林木种植"（第 5 项）和"环境敏感区域保护"（第 6 项）两项政策的最小得分不为 0，说明这两项政策在规划文本中的普及率很高，达 100%。就最大得分而言，若某项政策的最大得分为 2，意味着这项政策在某个城市的内容得分和篇幅得分都取得了最大值；若最大得分介于 1~2，则意味着这项政策在某个城市的内容得分达到最大值，但是篇幅得分并不是最高；比较特殊的是"环境组织发展"（第 34 项），最大得分仅为 1，这说明没有一个城市环境组织发展政策的内容得满分，即所有城市的规划文本都没有提出具体的促进环境组织发展的行动计划，只有个别城市略微涉及、一言带过。

其次，平均得分可以体现所有城市对某项政策的总体重视程度。平均得分较高的政策有"城市林木种植"（第 5 项，1.291 分）、"开发新能源"（第 24 项，1.211 分）、"固体废弃物减排"（第 10 项，1.181 分）、"废水减排"（第 8 项，1.167 分）等，这些政策总体属于宜居环境政策，相对而言，受到城市的一贯重视；平均得分较低的政策有"环境组织发展"（第 34 项，0.084 分）、"区域联合治理"（第 35 项，0.236 分）、"生活垃圾分类"（第 29 项，0.261 分）、"政府部门绿色采购"（第 32 项，0.286 分）等，这些政策集中于生态社会类的环境政策，说明城市政府对于生态教育、环保监管等支持型的环境政策领域的重视仍然不足。

最后，得分的变异系数可以体现城市对于某项政策重视程度的差异性。得分变异系数较大的政策有"环境组织发展"（第 34 项，2.571）、"噪声治理"（第 4 项，2.249）、"生活垃圾分类"（第 29 项，1.675）等，说明各城市对于这些政策的实施力度差异较大，也主要集中在平均分较低的生态社会类政策领域；得分变异系数较小的政策有"城市林木种植"（第 5 项，

0.223）、"开发新能源"（第24项，0.323）、"废水减排"（第8项，0.390）等，这些政策的平均得分也较高，说明各城市对于这些政策普遍具有较高的重视程度。

（二）政策类别评价

将每个政策类别下属的所有单项政策得分求和，得到 j 城市 k 政策类别的得分为 P_{kj}。

$$P_{kj} = \sum_i P_{ij}, \ i \in k \tag{4-1}$$

将所有单项政策得分求和，得到 j 城市环境可持续性政策总得分为 P_j。

$$P_j = \sum_{i=1}^{35} P_{ij} \tag{4-2}$$

政策得分矩阵（P_{kj}）和政策总得分（P_j）的一些统计性描述信息如表4-5所示。

表4-5　政策得分矩阵（P_{kj}）的统计特征

统计类别	宜居环境政策 （14项）	绿色经济政策 （13项）	生态社会政策 （8项）	城市环境 可持续性政策
最小得分	1.649	1.693	0.190	4.945
每项平均最小得分	0.118	0.130	0.024	—
最大得分	17.794	13.956	6.822	33.037
每项平均最大得分	1.271	1.074	0.853	—
平均得分	10.070	8.902	2.423	21.396
每项平均得分	0.719	0.685	0.303	—
得分标准差	2.702	2.587	1.349	4.833
得分变异系数	0.268	0.291	0.557	0.226

资料来源：根据对长江经济带各城市《中华人民共和国国民经济与社会发展第十三个五年规划纲要》文本定量化分析获取。

三类政策所含的政策项数不一致，无法将最大得分、最小得分、平均得分进行直接比较，因此，将这些统计量分别除以每类政策的项目条数，增加每项平均最小得分、每项平均最大得分、每项平均得分三个统计量。

第一，根据每项平均最小得分、每项平均最大得分和每项平均得分，生态社会政策的分值远远低于宜居环境政策和绿色经济政策，说明在三类政策中，各城市对于生态社会政策的重视程度很低；宜居环境政策和绿色经济政策的各统计值总体差距不大，宜居环境政策的每项平均得分略高于绿色经济政策，说明各城市对于宜居环境政策的重视程度最高。

第二，生态社会政策得分的变异系数远远大于另外两类政策，说明长江经济带各城市对于这类政策的重视程度存在很大差异；宜居环境政策和绿色经济政策的得分变异系数相差不大，宜居环境政策略低，说明各城市政府对于这两类政策的重视程度差异不大；结合各类政策的每项平均得分，各城市对于宜居环境政策的重视程度普遍较高，绿色经济政策次之，对于生态社会政策的重视程度普遍较低，且差异性很大。

根据长江经济带各城市的环境可持续性政策总得分的频数，绘制形成频率直方图（见图4-1）。长江经济带城市环境可持续性政策得分总体符合正态分布，最大得分为33.037（达到理论最大得分的47.20%），最小得分为4.945（仅是理论最大得分的7.06%），平均得分为21.396（实现理论最大得分的30.57%）。总体而言，政策总得分分布较合理，但是政策推行的进步空间仍然较大。

二、政策执行力度的空间分异

根据上一部分对长江经济带城市环境可持续性政策的评价得分，绘制长江经济带城市环境可持续性政策综合得分和三类分支政策得分的空间分布图。东部和中部地区政策得分普遍高于西部地区，宜居环境政策和绿色经济政策的分布趋势较为相似，生态社会政策则呈现出更大的空间差异和非集聚特性。下面将通过空间基尼系数、泰尔指数，进一步考察长江经济带城市环境可持续性政策的空间差异。

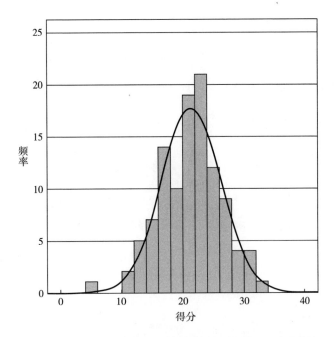

图4-1　长江经济带城市环境可持续性政策得分频率直方图

资料来源：根据对长江经济带各城市《中华人民共和国国民经济与社会发展第十三个五年规划纲要》文本定量化分析获取。

（一）空间基尼系数

空间基尼系数（Spatial Gini Index）是一种衡量空间集聚程度的指标，最早由克鲁格曼在1991年提出，用于测算美国制造业的集聚程度，后推广至多种要素或属性的空间聚集度分析，如各种产业领域（谢敏等，2015；李伟和贺灿飞，2017）、人口（杨卡，2015）、创新（张虎和周迪，2016）、交通运输（褚艳玲等，2016）、建筑（仇保兴等，2017）等，具有广泛应用性。

空间基尼系数介于0~1，研究对象在空间上的分布越均衡，空间基尼系数越小，当空间基尼系数等于0时，表明研究对象呈均匀分布状态。反之，研究对象在空间上分布越集中，其空间基尼系数越大，当空间基尼系数等于1时，说明所有对象集中在同一个区域。相对于其他空间差异的测算指标，空间基尼系数的最大优点是可以将总体空间差异分解成不同来源的差距，从而发现不同因子对总体区域差异的影响（刘慧，2006）。

空间基尼系数的计算公式有多个版本，根据 Morduch 和 Sicular（2002）提出的方法，空间基尼系数 I_{Gini} 的计算公式为：

$$I_{Gini}(y) = \frac{2}{n^2 \mu} \sum_{i=1}^{n} \left(i - \frac{n+1}{2} \right) y_i \tag{4-3}$$

其中，y 表示要计算空间基尼系数的一组数据向量，y_i 表示将 y 向量的各项由小到大排列之后形成的有序向量，i 表示 y_i 的序数（例如，y_1 就是 y 向量的所有项中数值最小的项），n 表示项数，μ 表示 y 向量各项的平均值。

总体空间差异 I_{Gini} 可以分解成不同来源的差异，各来源的因子贡献度 S_{Gini} 的计算公式为：

$$S_{Gini}^{k} = \frac{\frac{\mu_k}{\mu} \frac{corr(y_i^k, i)}{corr(y_i^k, i^k)} I_{Gini}(y^k)}{I_{Gini}(y)} \tag{4-4}$$

其中，S_{Gini}^{k} 表示第 k 个因子对 I_{Gini}（y）的贡献度；y^k 表示第 k 个因子的数据向量；y_i^k 表示将 y^k 向量的各项由小到大排列之后形成的有序向量，i 表示 y_i 的序数；i^k 表示 y_i^k 的序数；corr 表示两个向量的相关系数，因此，corr（y_i^k, i^k）表示第 k 个因子数值与该因子序数的相关系数，corr（y_i^k, i）表示第 k 个因子数值与总体数值 y_i 序数的相关系数。

根据上述公式，计算长江经济带城市环境可持续性政策的空间基尼系数，以及宜居环境政策、绿色经济政策、生态社会政策对于总体差异的贡献度。结果如表4-6所示。

表4-6　长江经济带城市环境可持续性政策的空间基尼系数与因子贡献度

政策类型	空间基尼系数	因子贡献度	政策平均得分
城市环境可持续性政策	0.126	—	21.396
宜居环境政策	0.149	43.04%	10.070

政策类型	空间基尼系数	因子贡献度	政策平均得分
绿色经济政策	0.163	41.56%	8.902
社会治理政策	0.306	15.40%	2.423

资料来源：根据对长江经济带各城市《中华人民共和国国民经济与社会发展第十三个五年规划纲要》文本定量化分析获取。

长江经济带城市环境可持续性政策的空间基尼系数为 0.126，宜居环境政策、绿色经济政策、生态社会政策的空间基尼系数分别为 0.149、0.163 和 0.306。从基尼系数来看，生态社会政策的空间差异最大，这与前文的变异系数分析结果一致。从因子贡献度来看，宜居环境政策和绿色经济政策的空间差异在整体政策差异中起决定性作用，因子贡献度分别达 43.04% 和 41.56%；生态社会政策虽然单项的空间基尼系数较大，但是由于政策平均得分较低，因子数值与总体序数的相关系数也较低，所以对总体差异的贡献度不大，只有 15.40%。

（二）泰尔指数

泰尔指数（Theil Index）是广义熵（Generalized Entropy Measures）指标体系的一种特殊形式，也称泰尔熵标准（Theil's Entropy Measure），最初由荷兰经济学家泰尔（Theil）于 1967 年提出，用来计算国家间的收入差异（杨骞和刘华军，2012），之后被广泛应用于多种社会经济现象的区域差异，包括产业（滕堂伟等，2014）、人口（陈明华和郝国彩，2014）、政策（宋琳和吕杰，2017）、公共支出（陈志勇和辛冲冲，2017）、能源消费（张艳东和赵涛，2015）、污染排放（齐红倩和王志涛，2015）等领域。

与其他区域差异的测度指标相比，泰尔指数的优势在于能将总体的区域差异分解成不同空间尺度的组内差异和组外差异，并可以逐层分解。例如，长江经济带的区域差异可以分解成东部、中部、西部三大地带的地带内差异和地带间差距，各地带内可以继续分解为不同省份内部差异和省份之间的差异。泰尔指数越小，表明区域间差异越小。

根据 Combes 等（2008）的方法，泰尔指数 I_{Theil} 的计算公式可以表述为：

$$I_{Theil} = \sum_{i=1}^{n} \frac{y_i}{Y} \ln\left(\frac{y_i n}{Y}\right) \tag{4-5}$$

$$Y = \sum_{i=1}^{n} y_i \tag{4-6}$$

其中，y_i 表示要计算泰尔指数的数据向量，Y 表示 y_i 的各项之和，n 表示项数。

泰尔指数可以分解为组内差异和组外差异。计算组外差异时，需要将各组内的数值汇总到组的层面，将每组总数值作为一项（项数等于分组数），然后对各组总数值计算泰尔指数。计算公式为：

$$I_{intra} = \sum_{k=1}^{m} \frac{Y_k}{Y} \ln\left(\frac{Y_k}{Y} \frac{n}{n_k}\right) \tag{4-7}$$

$$Y = \sum_{i=1}^{n} y_i = \sum_{k=1}^{m} Y_k \tag{4-8}$$

$$n = \sum_{k=1}^{m} n_k \tag{4-9}$$

其中，y_i 表示要计算泰尔指数的数据向量，Y_k 表示 k 组的各项之和，Y 表示各组 Y_k 汇总之和，m 表示分组数，n 表示总项数，n_k 表示属于 k 组的项数。

组内差异的计算分为两步，首先，计算各组数据的泰尔指数。这一步实际上是以某组数据为分析对象，利用泰尔指数基本计算公式计算该组对象的泰尔指数，与基本泰尔指数 I_{Theil} 只有项数的差别，即：

$$I_{Theil}^{k} = \sum_{i=1}^{n_k} \frac{y_i}{Y_k} \ln\left(\frac{y_i n_k}{Y_k}\right) \tag{4-10}$$

$$Y_k = \sum_{i=1}^{n_k} y_i \tag{4-11}$$

其中，y_i 表示要计算泰尔指数的数据向量，Y_k 表示 y_i 中属于 k 组的各项之和，n_k 表示属于 k 组的项数。

其次，将各组数据的泰尔指数加权平均，求得组内差异的泰尔指数 I_{inter}，权重为各组总数值占所有项总数值的份额，即：

$$I_{Theil} = \sum_{k=1}^{m} I_{Theil}^{k} \frac{Y_k}{Y} \tag{4-12}$$

其中，Y_k 表示 k 组的各项之和，Y 表示各组 Y_k 汇总之和，m 表示分组数，I_{Theil}^{k} 表示第 k 组的泰尔指数。

综上所述，可得：

$$I_{Theil} = I_{intra} + I_{inter} \tag{4-13}$$

此外，各组数据的泰尔指数 I_{Theil}^{k} 可以按照上述方法继续分解为更小的尺度，实现层层嵌套。

根据上述公式，计算长江经济带城市环境可持续性政策的泰尔指数，并依次分析东部、中部、西部三大地带之间的差异，以及各省之间的差异。结果如表 4-7 所示。

表 4-7 长江经济带城市环境可持续性政策的泰尔指数

	地带间差异 0.00471		省份间差异 0.00571	
总体差异 0.02704	地带内差异 0.02233	东部 0.01626	省份内差异 0.02132	上海 0.00000
				江苏 0.02058
				浙江 0.01143
				安徽 0.01538
		中部 0.02065		江西 0.02069
				湖北 0.02660
				湖南 0.01481
		西部 0.03429		重庆 0.00000
				四川 0.04794
				贵州 0.00322
				云南 0.02408

资料来源：根据对长江经济带各城市《中华人民共和国国民经济与社会发展第十三个五年规划纲要》文本定量化分析获取。

长江经济带城市环境可持续性政策的总体泰尔指数为 0.02704。按照东、中、西三大地带分解时，地带内差异远远大于地带间差异，即绝对得分方面不存在显著的地带分异。相较而言，东部地区的内部差异最小，中部次之，西部地区内部差异最大，即政策的内部均衡性方面存在一定地带分异。

按照省份分解时，省份内差异同样远远大于省份间差异，即绝对得分方面各省总体不存在显著的差别。就各省的内部差异而言，四川内部差异最大，达 0.04794，远大于其他省市；此外，云南和湖北的内部差异也相对较大。省内部差异最小的是贵州，仅有 0.00322，虽然贵州城市数量较少，但是此数值远低于其他省份，因此依然能够说明贵州省内部政策得分具有较强的一致性；此外，浙江省、湖南省和安徽省的省内部差异也相对较小。

第三节　基于政策执行力度的城市环境治理类型划分

虽然长江经济带各城市总体上更加偏重于宜居环境政策和绿色经济政策，对生态社会政策的重视程度较低，但是不同城市对于三类政策的侧重仍然存在差异。进一步刻画并区分这种差异，对于了解长江经济带各城市的环境可持续性政策概况具有重要价值，同时也能为后文的机理分析提供基础素材。本书采用三元相图法区分长江经济带各城市的环境治理类型。

一、三元相图法概述

为了直观形象地对某一分析对象进行评价或分类，国内外学者提出了多种图表化模型，包括多维图、菱形图、三元相图、二维象限图等。如 Lozano

（2006）用多维图刻画了生产和服务、交通、履行规则、能源、水源、生物多样性等多种环境因子，以评价环境的可持续性；世界银行使用菱形图表征了环境状况对空气、水、土壤、生态系统 4 个因素的依赖程度；阿里木江·卡斯木（2018）用三元相图法区分了人口密度、夜间稳定光强度和植被覆盖指数三个城市特征，从而实现对全球城市的分类；郑艳等（2018）用二维象限图区分了城市暴雨韧性指数和暴雨致灾危险性指数，对我国城市进行了韧性程度的分类。在这些图表化模型中，三元相图法最适合本书的城市环境治理类型划分，也是理论较为完善的一种模型。

1902 年，约西亚·威拉德·吉布斯（Josiah Willard Gibbs）提出"吉布斯相律"（Gibbs Phase Rule）并为相图法的发展奠定基础。随后，相图法广泛应用于物理化学、地质学和冶金学等领域，有二元、三元甚至多元相图，其中三元相图法由于表达清晰、测定分析简单而应用最广（郝翠等，2010）。2000 年，Hofstetter 等（2010）首次将三元相图法引入生态和环境领域；此后，Giannetti 等（2006，2010）将三元相图法拓展应用于能值分析；在此基础上，我国学者郝翠等（2010）、吴泽宁和郭瑞丽（2013）陆续利用能值三元相图法对我国生态经济系统的可持续发展作出评价。此外，阿里木江·卡斯木（2018）利用三元相图法，结合遥感解译技术，实现了对全球城市的分类。

三元相图是一个带有坐标的等边三角形，用以表示 3 种因子的相关比例。在三元相图中，每个顶点代表一个因子，因子的相关比例用该点到顶点对边的垂线长度表示，三条垂线的长度之和为 1。如图 4-2 所示，标注的点表示三个因子的相关比例分别为 80%、15%、5%的点，标注的黑色三角形区域表示三个因子的相关比例分别介于 30%～40%、10%～20%、40%～50%的所有点的集合。

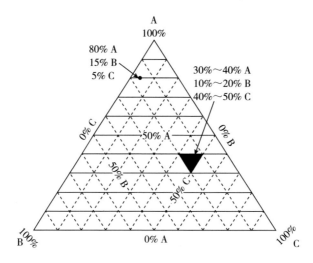

图 4-2　三元相图示意图

二、城市环境治理类型划分

在本书中，三个因子分别为宜居环境政策得分（P1）、绿色经济政策得分（P2）、生态社会政策得分（P3），A、B、C 分别表示 P1、P2、P3 的相关比例。

由于三类环境政策的具体政策条目数量不一致，得分大小不具有可比性，不能直接转换为相关比例。因此，先对每个类别的政策得分进行极差标准化，然后将标准化之后的数据转化为结构比重。即对于每个城市而言，三类政策的得分之和等于 1，从而可以顺利绘制在三元相图上。

长江经济带城市环境可持续性政策的三元相图如图 4-3 所示，按照图中虚线所示，可以将所有城市依据政策侧重划分为以宜居环境政策为主的城市、以绿色经济政策为主的城市、以生态社会政策为主的城市三类。在每个区域内，该类城市所偏重的政策类型得分最高，图中右下区域表示以宜居环境政策为主的城市，共计 35 个，如张家界、咸宁等；上部区域表示以绿色经济政策为主的城市，共计 64 个，如黄冈、徐州等；左下区域表示以生态社会政策为主的城市，仅有 10 个，如上海、昆明等。

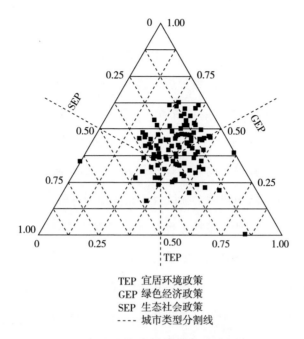

TEP 宜居环境政策
GEP 绿色经济政策
SEP 生态社会政策
---- 城市类型分割线

图 4-3 长江经济带城市环境可持续性政策的三元相图

资料来源：根据对长江经济带各城市《中华人民共和国国民经济与社会发展第十三个五年规划纲
要》文本定量化分析获取。

将城市类型体现在空间地图上，以宜居环境政策为主的城市主要分布在
四川、云南、湖北等中西部地区；以绿色经济政策为主的城市广泛分布在江
苏、浙江、安徽、江西、湖南、贵州等地，以中东部地区为主；以生态社会
政策为主的城市较少，呈零星分布。

第四节　本章小结

基于环境可持续性政策的内涵，本章建立了长江经济带城市环境可持续

性政策数据库。首先系统梳理了国内外相关研究中涉及的城市环境可持续性政策，并通过对长江经济带各城市《中华人民共和国国民经济和社会发展第十三个五年规划纲要》进行内容分析，建立了长江经济带城市环境可持续性政策清单。该清单包括 35 项具体政策，其中宜居环境政策 14 项、绿色经济政策 13 项、生态社会政策 8 项。其次，在确立具体政策清单的基础上，根据规划文本对每项具体政策的内容表述和篇幅，对每个城市、每项具体政策进行定量评分，实现了城市环境可持续性政策实施力度的定量化。

在长江经济带城市环境可持续性政策数据库的基础上，系统评价了长江经济带各城市环境可持续性政策的实施现状。分析结果表明：第一，各项环境可持续性政策的得分总体不高，政策推行的进步空间仍然较大。第二，相对而言，以"城市林木种植""废水减排"等为代表的宜居环境政策普遍受到城市的较高重视；而"环境组织发展""生活垃圾分类"等生态社会政策的总体得分偏低，城市政府对于生态教育、环境监管等领域的重视不足。第三，按照政策类型划分，生态社会政策在城市间的区域差异最大；按照区域划分，政策的内部均衡性方面存在显著的地带分异，东部地区的内部差异最小，中部次之，西部地区内部差异最大。第四，根据城市各类环境可持续性政策得分的构成，可以将城市划分为以宜居环境政策为主的城市、以绿色经济政策为主的城市、以生态社会政策为主的城市，其中以绿色经济政策为主的城市最多，以生态社会政策为主的城市数量很少，再次印证城市政府对于生态社会政策的积极性较为缺乏，对于谋求环境—经济协同发展的积极性较高。

第五章　长江经济带城市环境
可持续性政策的驱动因子分析

　　基于理论框架，城市政府出台环境可持续性政策的驱动因子来自于中央政策导向、基层环保意愿、地方环境基础等方面。已有研究对于城市政府在环境治理体系中的地位莫衷一是，因而对这些驱动因素的作用效果也存在争议。主流观点认为，城市政府是环境治理的主导者，即基层环保意愿和地方环境基础对于提高城市出台环境可持续性政策的积极性具有显著正向作用，而中央政策导向的作用效果不显著。本书认为，鉴于制度背景和发展阶段的差异，中国的城市政府在环境治理体系中并非主导者，城市政府出台环境政策很大程度上来源于对中央政策的落实，城市内部自发的推动力不足，即中央政策导向对于提高城市环境可持续性政策的执行力度具有显著正向作用，基层环保意愿和地方环境基础的作用效果不显著。

　　因此，在第四章建立的长江经济带城市环境可持续性政策数据库的基础上，本章建立影响城市环境可持续性政策执行力度的空间回归模型，深入分析各个驱动因子的作用效果，探讨城市政府在环境治理体系中是否具有主导性地位。

第一节　分析方法

一、回归模型

根据第三章提出的城市环境可持续性政策驱动因子的理论模型，以及针对三类驱动因子的相关假设，形成用于实证分析的长江经济带城市环境可持续性政策的多元回归模型：

$$EP = \beta_0 + \beta_1 UPd + \beta_2 UPs + \beta_3 RTd + \beta_4 RTp + \beta_5 RTc + \beta_6 BEv + \beta_7 BEc + u$$

$$\begin{cases} TEP = \beta_0 + \beta_1 UPd + \beta_2 UPs + \beta_3 RTd + \beta_4 RTp + \beta_5 RTc + \beta_6 BEv + \beta_7 BEc + u_1 \\ GEP = \beta_0 + \beta_1 UPd + \beta_2 UPs + \beta_3 RTd + \beta_4 RTp + \beta_5 RTc + \beta_6 BEv + \beta_7 BEc + u_2 \quad (5-1) \\ SEP = \beta_0 + \beta_1 UPd + \beta_2 UPs + \beta_3 RTd + \beta_4 RTp + \beta_5 RTc + \beta_6 BEv + \beta_7 BEc + u_3 \end{cases}$$

其中，EP 表示城市环境可持续性政策执行力度，根据城市环境可持续性政策的内涵，模型可以进一步拆分为宜居环境政策模型（TEP）、绿色经济政策模型（GEP）、生态社会政策模型（SEP）三个部分；中央政策导向（UP）分解为 UPd 和 UPs，分别代表中央政策导向的直接作用和间接作用；基层环保意愿（RT）分解为 RTd、RTp 和 RTc，分别代表发展性利益群体、环保性利益群体和居民的环保意愿；地方环境基础（BE）分解为 BEv 和 BEc，分别代表地方自然环境压力和地方经济环境基础；β_i 表示待估算的各项回归参数，u_i 表示不可观测因子和误差项。

二、指标选取与数据来源

模型各个要素的具体指标如表 5-1 所示，选取依据和数据来源如下：

表5-1 长江经济带城市环境可持续性政策的驱动因子及具体指标

	变量	指标
被解释变量	城市环境可持续性政策执行力度（EP）	城市环境可持续性政策执行力度总得分
	宜居环境政策执行力度（TEP）	宜居环境政策执行力度得分
	绿色经济政策执行力度（GEP）	绿色经济政策执行力度得分
	生态社会政策执行力度（SEP）	生态社会政策执行力度得分
解释变量	中央政策导向（直接）（UPd）	所在省份环境可持续性政策执行力度得分
	中央政策导向（间接）（UPs）	其他城市环境可持续性政策执行力度得分的空间距离矩阵
	基层环保意愿（发展性利益群体）（RTd）	制造业从业人员比重
	基层环保意愿（环保性利益群体）（RTp）	环保类社会组织数量
	基层环保意愿（居民）（RTc）	居民环保意愿：大专及以上学历的人口数量
	地方环境基础（自然环境）（BEv）	工业污染物排放强度 常住人口增长率
	地方环境基础（经济环境）（BEc）	人均地方财政一般预算收入

（一）城市环境可持续性政策及各类政策执行力度

本章城市环境可持续性政策执行力度及各类分支政策执行力度的测度指标采用第四章的各项政策评价得分。在系统梳理国内外相关研究中涉及的城市环境可持续性政策和对长江经济带各城市《中华人民共和国国民经济和社会发展第十三个五年规划纲要》进行内容分析的基础上，建立了长江经济带城市环境可持续性政策清单；并根据规划文本对每项具体政策的内容表述和篇幅，实现每个城市、每项具体政策的定量评分。

与此前的城市环境政策间接评价法相比，此方法以政策文本的内容挖掘为基础，兼具针对性、精确性和创新性。在政府的规范性政策文本中，特定词语出现的时间、背景和频次等都经过了深思熟虑，内容可以准确地体现政府的意志（侯新烁和杨汝岱，2016）。事实上，近年来出现了一系列研究，利用内容分析法能够将定性数据转化为定量数据的特征，通过分析政策文本探索统计数据难以涉及的领域。例如，许阳等（2016）通过对我国海洋环境保护法规的文本分析，绘制了多元政策制定主体间的协作网络图谱；侯新烁和杨汝岱（2016）通过分析政府工作报告文本，发掘中央和城市政府推进城市化的意愿；刘琼等（2017）通过对土地利用总体规划文本进行内容分析，探索了政府对于经济、社会、生态目标的偏好；杨志军等（2017）通过对中央政府颁布的水、大气和土壤三个方面的环境治理政策的文本分析，考察了政府在命令强制型、经济激励型及社会自愿型等环境治理工具选择上的一般规律及其偏好。通过频数、百分比、卡方分析、相关分析及 T-TEST 等统计手法，结合 Python 等信息提取技术，内容分析法已经成为大数据时代获取新数据、新信息的有效方式。

长江经济带各城市《中华人民共和国国民经济和社会发展第十三个五年规划纲要》文本主要来源于各省市政府网站的政务信息公开专栏。由于云南省临沧市数据暂缺，本书考察对象为长江经济带 109 个地级及以上城市。

（二）中央政策导向

中央政策导向包括直接作用和间接作用两个因子。

由于国家可持续发展理念在同一时期对于各个地方的作用强度相同，无法进行区分，因此中央政府的直接影响强度使用地市所在省份的环境可持续性政策得分进行间接测度（见表5-2）。评价方法与城市环境可持续性政策评分方法完全相同，以各省份《中华人民共和国国民经济和社会发展第十三个五年规划纲要》文本作为分析对象。

表5-2　长江经济带省级环境可持续性政策得分概况

政策类型	最小得分	最大得分	平均得分
城市环境可持续性政策	20.330	38.821	27.554
宜居环境政策（14项）	7.310	15.900	11.628

续表

政策类型	最小得分	最大得分	平均得分
绿色经济政策（13 项）	7.868	16.835	11.861
生态社会政策（8 项）	1.618	9.219	4.064

资料来源：根据对长江经济带各省份《中华人民共和国国民经济与社会发展第十三个五年规划纲要》文本定量化分析获取。

中央政策导向的间接作用程度使用周边其他城市环境可持续性政策的空间距离矩阵表示。城市间距离越远，政策的相互作用程度越小，因此该指标为逆指标。空间距离矩阵的建立方法参考宓泽锋和曾刚（2018）使用的方法，借助百度地图搜索得到城市间最短行车距离。

（三）基层环保意愿

基层民众的环保意愿包括三个维度：

第一，发展性利益群体的作用强度用制造业从业人员占全社会从业人员的比重来衡量。一方面，制造业受到宜居环境治理政策的影响较大；另一方面，新兴的制造业门类节能环保装备和产品制造业是绿色产业体系的重要部分，因此，制造业是较为合适的发展性利益群体的代表。数据来源于第三次全国经济普查。

第二，环保性利益群体的作用强度用环保类社会组织的数量表征。根据民政部社会组织管理局公布的地方社会组织名录，筛选出组织名称中包含"环保""环境保护""生态保护""节能""节水"等指示性词语的组织，认定为该城市的环保类社会组织。数据来源于民政部下属的中国社会组织网。

第三，居民环保意愿用大专及以上学历的人口数量表示。在城市可持续发展的实证研究中，许多学者认为居民的社会经济地位与其对环保的支持程度正相关，用居民受教育水平和物质生活水平来衡量居民的社会经济地位，受教育程度较高的群体更倾向于支持环境可持续发展（Lubell 等，2005，2009；Zahran 等，2008），富人更倾向于提高生活质量的投资，更愿意接受环境政策带来的经济负担（Hawkins 等，2016）。因此，本书选取大专及以上学历的人口数量代表居民对环境可持续性政策的支持力度。数据来源于 2010 年第六次人口普查。

（四）地方环境基础

地方环境基础包括自然环境压力和经济环境基础两个方面。

采用工业污染物排放强度和常住人口增长率两个指标表征地方自然环境压力。工业污染物排放强度是一个复合指标，由工业废水排放量、工业二氧化硫排放量和工业烟（粉）尘排放量三个指标构成。参考 Lubell 等（2009）的方法，构建复合指标的步骤为：首先对三个指标分别取对数；其次将对数值分别进行标准化，使它们尺度相同；最后将三个标准化结果相加，得到综合指数。数据来源于《中国城市统计年鉴（2016）》。常住人口增长率数据没有统一的统计口径，由各省份 2015 年和 2016 年的统计年鉴，以及各省市 2015 年人口抽样调查主要数据公报汇总而来。

地方经济环境基础用城市财政收入状况表征，考虑数据的可得性，具体指标选用人均地方财政一般预算收入。数据来源于《中国城市统计年鉴（2016）》。

第二节　实证检验

模型涉及指标的描述性统计结果如表 5-3 所示，驱动因子对于城市环境可持续性政策、宜居环境政策、绿色经济政策、生态社会政策的边际效应，以及各回归方程的相关检验结果如表5-4所示。4个模型都通过了整体回归显著性F检验；DW自相关检验值介于1.852~2.114，可以认为误差项与解释变量不存在一阶正相关；异方差性BP检验的F值都不显著，不能拒绝同方差性的原假设，检验通过；稳健性Robust回归的各解释变量显著性基本不变，检验通过。

表5-3　长江经济带城市环境可持续性政策驱动因子模型变量的描述性统计

	最小值	最大值	平均值	标准差
被解释变量				
城市环境可持续性政策总得分（EP）	4.945	33.037	21.396	4.855
宜居环境政策得分（TEP）	1.649	17.794	10.070	2.715
绿色经济政策得分（GEP）	1.693	13.956	8.902	2.599
生态社会政策得分（SEP）	0.190	6.822	2.423	1.356
解释变量				
所在省份环境可持续性政策总得分（UPd）	20.330	38.821	26.666	5.720
所在省份宜居环境政策得分（UPd-T）	7.310	15.900	11.079	2.775
所在省份绿色经济政策得分（UPd-G）	7.868	16.835	12.041	2.736
所在省份生态社会政策得分（UPd-S）	1.618	9.219	3.546	1.257
周围城市环境可持续性政策总得分（空间距离矩阵）（UPs）	0.000	1.000	0.218	0.205
周围城市宜居环境政策得分（空间距离矩阵）（UPs-T）	0.000	1.000	0.223	0.201
周围城市绿色经济政策得分（空间距离矩阵）（UPs-G）	0.000	1.000	0.214	0.209
周围城市生态社会政策得分（空间距离矩阵）（UPs-S）	0.000	1.000	0.218	0.208
制造业从业人员比重（RTd）	7.206	62.456	32.893	10.913
环保类社会组织数量（RTp）	0.000	12.000	2.018	2.502
大专及以上受教育人口数量（RTc）（取对数）	1.855	6.273	3.295	0.867
工业污染物排放强度（BEv1）	0.000	2.910	1.628	0.456
人口增长率（BEv2）	-2.843	8.403	2.250	1.576
人均地方财政一般预算收入（BEc）（取对数）	6.925	10.037	8.243	0.693

对城市环境可持续性政策总得分进行回归的结果表明，中央政策导向的间接作用和地方环境基础显著影响了城市政府采取环境可持续发展行动的积极性，而中央政策导向的直接作用和基层环保意愿对于政策得分总体上没有显著作用。根据前文的理论分析，城市环境可持续性政策是个复合的政策集合，不同的政策分支应该存在不同的作用路径，回归结果的确呈现出很大差异。首先，宜居环境政策的回归结果显示，中央政策导向的间接作用、地方环境基础、发展性利益群体的环保意愿对宜居环境政策得分具有显著影响；其次，绿色经济政策的回归结果显示，中央政策导向的直接作用和地方自然环境压力对绿色经济政策得分具有显著影响；最后，生态社会政策的回归结果显示，中央政策导向的直接作用、地方经济环境基础、居民环保意愿对生态社会政策得分具有显著影响。

表5-4　长江经济带城市环境可持续性政策执行力度的回归结果

驱动因子	城市环境可持续性政策		宜居环境政策	
	OLS	OLS-robust	OLS	OLS-robust
中央政策导向				
所在省份环境可持续性政策得分	0.0350 (0.0795)	0.0350 (0.0771)	0.0806 (0.0963)	0.0806 (0.0966)
周围城市环境可持续性政策得分（空间距离矩阵）	-6.158*** (2.249)	-6.158*** (1.927)	-3.208** (1.349)	-3.208*** (1.124)
基层环保意愿				
制造业从业人员比重	-0.0605 (0.0492)	-0.0605 (0.0505)	-0.0577* (0.0303)	-0.0577** (0.0288)
环保类社会组织数量	0.0904 (0.249)	0.0904 (0.196)	0.201 (0.154)	0.201 (0.132)
大专及以上受教育人口数量	0.950 (0.855)	0.950 (0.761)	0.0850 (0.525)	0.0850 (0.506)

续表

驱动因子	城市环境可持续性政策		宜居环境政策	
	OLS	OLS-robust	OLS	OLS-robust
地方环境基础				
工业污染物排放强度	12.18*** (3.473)	12.18*** (3.070)	6.477*** (2.149)	6.477*** (1.569)
工业污染物排放强度^2	−4.020*** (1.181)	−4.020*** (1.029)	−2.323*** (0.731)	−2.323*** (0.552)
人口增长率	1.260*** (0.479)	1.260*** (0.434)	0.690** (0.301)	0.690** (0.275)
人口增长率^2	−0.256*** (0.0799)	−0.256*** (0.0668)	−0.156*** (0.0497)	−0.156*** (0.0392)
人均地方财政一般预算收入	2.121** (0.821)	2.121*** (0.690)	0.937* (0.498)	0.937** (0.424)
常数项	−3.038 (6.908)	−3.038 (6.451)	2.618 (4.217)	2.618 (3.771)
n	109		109	
回归方程 F 值	5.804***		2.928***	
R^2	0.372		0.230	
DW 值	1.852		2.114	
BP 检验 F 值	0.369		0.973	
中央政策导向				
所在省份环境可持续性政策得分	0.213** (0.107)	0.213** (0.104)	0.353*** (0.0998)	0.353*** (0.0953)
周围城市环境可持续性政策得分（空间距离矩阵）	−1.622 (1.428)	−1.622 (1.465)	−0.165 (0.652)	−0.165 (0.666)
基层环保意愿				
制造业从业人员比重	0.00574 (0.0265)	0.00574 (0.0270)	−0.0122 (0.0150)	−0.0122 (0.0126)
环保类社会组织数量	−0.135 (0.133)	−0.135 (0.106)	0.0697 (0.0745)	0.0697 (0.0656)
大专及以上受教育人口数量	0.616 (0.460)	0.616 (0.413)	0.429* (0.257)	0.429 (0.261)

续表

驱动因子	城市环境可持续性政策		宜居环境政策	
	OLS	OLS-robust	OLS	OLS-robust
地方环境基础				
工业污染物排放强度	4.549 ** (1.865)	4.549 *** (1.597)	1.172 (1.056)	1.172 * (0.654)
工业污染物排放强度^2	-1.171 * (0.631)	-1.171 ** (0.526)	-0.577 (0.360)	-0.577 ** (0.261)
人口增长率	0.482 * (0.252)	0.482 *** (0.182)	0.0986 (0.143)	0.0986 (0.0880)
人口增长率^2	-0.0821 * (0.0426)	-0.0821 *** (0.0286)	-0.0253 (0.0242)	-0.0253 * (0.0133)
人均地方财政一般预算收入	0.451 (0.443)	0.451 (0.451)	0.438 * (0.247)	0.438 ** (0.216)
常数项	-2.691 (3.790)	-2.691 (3.751)	-3.761 * (2.090)	-3.761 ** (1.727)
n	109		109	
回归方程 F 值	5.881 ***		3.457 ***	
R^2	0.375		0.261	
DW 值	1.945		1.910	
BP 检验 F 值	0.938		1.079	

注：***、**和*分别表示在1%、5%和10%的水平上显著。

一、中央政策导向的作用

假设 1 认为，中央政府的环保政策导向可能通过落实监管力度和提升区域协同治理，对城市的环境可持续发展意愿产生积极影响。假设 1-1 认为，中央政府环保政策的直接作用效果取决于城市政府对于某类政策的原生积极性，生态社会政策受到的作用效果最大，绿色经济政策次之，宜居环境政策最小。假设 1-2 认为，中央政府环保政策的间接作用效果通过促进邻近城市的协同作用而体现，对宜居环境政策的促进作用可能最大。

在四个回归模型中，中央政策导向对城市环境可持续性政策的影响始终存在，但是作用机制并不一致。中央政策导向的直接作用对绿色经济政策和生态社会政策具有显著积极作用，对宜居环境政策的作用不显著，作用大小按照生态社会政策、绿色经济政策、宜居环境政策的顺序递减。中央政策导向的间接作用对综合政策和宜居环境政策的影响效应是显著的，对绿色经济政策和生态社会政策没有显著影响。因此，假设 1 成立，假设 1-1、假设 1-2 也成立。

虽然中央政策导向的所有影响效应没有同时显著，但是值得注意的是，其直接作用和间接作用两个因素的显著性交替出现。对于宜居环境政策，虽然中央政策导向的直接监管作用不显著，但是间接协同作用较为显著；与此相反，中央政策导向的直接监管作用对绿色经济政策和生态社会政策影响显著，但是间接协同作用对于两者的效果并不显著。这一结果可以表明，中央政策导向通过两种不同的机制作用于三类政策。一方面，通过发布规划或协助形成区域协同的环境治理方案，降低城市环境可持续性政策的实施风险，对宜居环境政策的影响效果最大，绿色经济政策次之，生态社会政策受到的影响最小；另一方面，通过加强监管和变更考核体系，更加深入彻底地影响城市政府的环境可持续发展决策和价值观，对城市原生积极性不高的政策类型影响更大，对生态社会政策具有非常显著的影响，绿色经济政策也受到一定的影响。总之，中央政府的环保政策导向通过加大监管力度和提升区域协同治理两种路径，显著影响了城市的环境可持续发展意愿。

二、基层环保意愿的作用

理论假设 2 认为，基层环保意愿对城市的环境可持续发展意愿具有显著积极影响。理论假设 2-1 认为，发展性利益群体对于环保可持续性政策的态度取决于政策属性（是否带来经济效益），因此，对绿色经济政策会产生积极作用。理论假设 2-2 认为，环保性利益群体对三类环境可持续性政策都会产生积极推动作用。理论假设 2-3 认为，居民环保意愿对城市环境可持续性政策具有促进作用，对生态社会政策的作用效果最大。

在四个回归模型中，发展性利益群体对于宜居环境政策具有显著的抑制作用，对绿色经济政策和生态社会政策的影响都不显著，但是对绿色经济政策的作用方向是正向促进的。环保性利益群体在所有模型中都不显著，但是唯独对绿色经济政策的作用是负向消极的。居民环保意愿对生态社会政策可能具有促进作用，对其他政策的促进效果都不显著。因此，假设 2 不成立，假设 2-1、假设 2-2、假设 2-3 不成立。

首先，发展性利益群体对于三类政策的作用方向与假设 2-1 一致，但是作用效果不如预期显著，原因可能在于制造业依然是一个庞大的门类，以制造业从业人员比重作为发展性利益群体的代表可能较为粗糙。例如，先进高端制造业与传统低端制造业的利益诉求很可能并不相同，节能环保装备和产品制造业与化工、造纸、炼油等传统高污染产业的利益诉求也可能并不相同，Portney（2009）已经呼吁将发展性利益群体划分为更为精细的利益集团，进而判断其对环境发展决策的影响，因此，进一步厘清企业门类也是研究深入的方向之一。

其次，环保性利益群体在模型中不显著可能源于两方面：第一，环保类社会组织数量这一指标的精确度不足，我国并没有统一的口径界定城市环保类社会组织数量，用部分关键词搜索组织名称的方法误差较大；第二，在我国现阶段，环保类社会组织的影响作用确实不够强大，对于政策的制定和实施没有起到显著的推动作用。此外，回归结果显示环保性利益群体对于绿色经济政策的作用是负向消极的，这一结果与预期并不一致，但是也是合理的。根据强可持续性的观点，以及激进派的环保主义者对于生态现代化路径的批判，绿色经济政策所追求的经济—环境双赢只是权衡和妥协的权宜之计，不能真正从根本意义上解决生态环境问题，更不能导向生态可持续与社会公正的社会。因此，环保性利益群体对于绿色经济政策体现出消极态度也在情理之中。

最后，居民环保意愿对于城市环境可持续性政策的作用方向是积极的，但是作用效果几乎都不显著。虽然与西方多数研究结论相悖，但是与我国现有发展阶段相符，即民众对于环境保护的诉求并未高于物质增长，没有形成以高学历、高收入群体为代表的环保利益集团。基于当前国内的发展阶段，"为了环境保护，宁可放慢经济发展速度"的公众比例较少，与环境保护带来的高水平的生活质量和公众健康相比，物质生活改善仍是大多数人的主要需求（邱桂杰和齐贺，2011）。此外，相较而言，居民环保意愿对生态社会政策的影响是显著的，这表明居民环保诉求的提高和政府生态教育和公众参与的环境政策推行是相互促进的；同时，随着后工业时代的到来，民众对于综合生活质量的诉求必定不断提高，这也应该是推动整个社会迈向环境可持续的重要路径之一。

三、地方环境基础的作用

假设 3 认为，地方环境基础对城市的环境可持续发展意愿具有显著积极影响。假设 3-1 认为，地方自然环境压力对城市环境可持续性政策具有积极影响，在三类政策中，对宜居环境政策的作用效果最大。假设 3-2 认为，地方经济环境基础对城市环境可持续性政策的影响取决于政策类型，经济基础条件良好、财政收入水平高的城市更有可能实施宜居环境政策和生态社会政策，而绿色经济政策的实施不会受到地方经济基础的影响。

在回归过程中发现，四个模型中加入了地方自然环境压力指标的二次项之后，除了生态社会政策模型，其他模型中的地方环境压力指标及其二次项都是显著的，且模型的拟合度显著提高。在三类政策中，宜居环境政策模型的显著性最强，绿色经济政策次之，生态社会政策显著性较差。工业污染物排放强度和常住人口增长率两个指标的回归结果类似，工业污染物排放强度的作用效果更强。两个指标的一次方项符号为正，二次方项符号为负，表明随着地方自然环境压力的提高，各类环境可持续性政策的实施强度呈现先增后减的抛物线趋势。同时，地方经济经济基础对宜居环境政策、生态社会政策和综合的城市环境可持续性政策都有显著的正向作用，对绿色经济政策的作用效果不显著。综合而言，对于宜居环境政策和生态社会政策的执行力度，地方经济经济基础具有显著的推动作用；而对于绿色经济政策，两种环境基础都不能提供线性的积极促进作用，因此，假设3不成立，假设3-1不成立，假设3-2成立。

回归结果与理论推导不一致，表明地方自然环境压力对于城市政府推行环境可持续性政策同时存在两种作用，即稀缺性和边际效应造成的激励作用，以及沉没成本造成的抑制效应。当环境压力不超过某一临界值时，随着环境压力的增大，城市政府治理的决心和力度不断增大；当地方自然环境压力超过某一临界值，城市政府实施环境可持续性政策的积极性并不会继续升高，反而会降低。也就是说，在所有长江经济带的城市中，自然环境压力中等的城市治理意愿最强，环境压力处于两端的城市治理意愿相对较低。环境压力较小的城市治理意愿较低，很大可能是因为需求不高。而环境压力较大的城市治理意愿较低，一方面，原因可能是沉没成本造成的抑制效应，Zahran等（2008）的研究表明，低建筑密度、低太阳能使用水平、高私家车通勤率等特征代表了传统蔓延式的城市发展模式，与紧凑城市的集约发展理念相比，对资源环境的浪费和压力更大，而这些地方不太可能采取环境保护行动，因为它们面临更大的沉没成本，所谓积重难返，压力反而对治理构成了障碍。另一方面，也可能由于发展路径本身存在多样性，环境压力较大（工业污染排放量大、常住人口增长率高）的城市，多是一些发展水平较高的工业化城市（上海、武汉等），这些城市的规划文本中也会涉及环境可持续性政策的方方面面，但是整体篇幅更加偏重于金融、航运、大数据等内容，因此在本书的评价办法之下，体现为城市环境可持续性政策得分不够高。关于发展路径、发展模式及其适用性又是另外一个问题，这里不做展开，参见曾刚等（2015）、尚勇敏等（2015）、尚勇敏（2015）的研究。但是应该认识到，以节能环保为主体的绿色产业不是当前阶段城市快速发展的唯一路径，或者说，以绿色产业为主体的发展路径也存在适用性。

城市经济环境基础的回归结果证明，环境可持续性政策具有多重属性，宜居环境政策和生态社会政策受到地方经济基础的显著影响，应该属于再分配性政策；而绿色经济政策不受地方经济基础的影响，在保护环境的同时可能带来积极的经济效益，应该属于发展性政策。

第三节　本章小结

通过定量分析中央政策导向、基层环保意愿、地方环境基础等因素对于长江经济带城市出台环境可持续性政策的推动作用，得到如下结论：

第一，假设1成立，表明中央政策导向对提高城市环境可持续性政策的执行力度具有显著正向作用。这种推动作用体现为提升协同效应和加强监督考核体系两种作用路径，共同促进城市政府推行环境可持续发展举措。另外，中央政府环保政策导向的作用程度受到政策类型的影响，生态社会政策受到中央制度导向的直接监管作用效果最大，宜居环境政策受到中央制度导向的间接协同机制的作用效果最大。

第二，假设 2 不成立，表明城市内部的利益群体对于提高城市环境可持续性政策的积极性没有显著促进作用，这与多数已有研究成果具有很大差异，即对于长江经济带的城市，城市内部利益群体不足以推动城市政府实施环境可持续性政策举措。具体而言，基层环保意愿可以进一步划分为发展性利益群体、环保性利益群体和居民的环保意愿。发展性利益群体对于宜居环境政策具有显著的抑制作用，对绿色经济政策的作用正向不显著；环保性利益群体在所有模型中都不显著，但是唯独对绿色经济政策的作用是负向消极的；居民环保意愿对生态社会政策具有显著的促进作用，对其他政策的促进效果都不显著。总之，基层环保意愿的影响作用不大，民众环保积极性有待继续加强。

第三，假设 3 不成立，表明城市环境基础无法为城市出台环境可持续性政策提供一致性的促进作用。虽然地方自然环境压力对宜居环境政策、绿色经济政策具有显著推动作用，且由于宜居环境政策以环境治理为首要目标，受到的作用效果最大；但是地方自然环境压力与城市环境可持续性政策强度并非线性关系，环境压力中等的城市实施环境可持续行动的积极性最高。地方经济基础对宜居环境政策、生态社会政策都有显著的正向作用，对绿色经济政策的作用效果不显著，这表明宜居环境政策和生态社会政策属于再分配性政策，而绿色经济政策属于发展性政策，前文对城市环境可持续性政策的划分是合理的，环境可持续性政策的确是一个多元的整体。

综上所述，假设 1 成立而假设 2、假设 3 不成立，表明中央政策导向对提高城市环境可持续性政策的执行力度具有显著正向作用，基层环保意愿和地方环境基础的作用效果并不显著。即城市政府并非环境治理体系的主导者，这与城市政府主导论的主流观点相违背，利益集团规制理论不适用于环境治理体系的建立。

因此，环境治理体系并非只能由地方主导，中央政府作为环境治理体系的主导者也能形成更为有效的治理方案。本书认为，这一治理结构与西方地方政府为主导的环境治理相比，并不是地方民主不健全而造成的初级治理阶段的表现，相反，这一结构对于环境治理具有特殊的优越性。原因来自两个方面：第一，利益集团规制理论将城市政府视为经济人，而忽视了政府作为公共利益代表这一社会伦理，法国经济学家拉丰（Laffont）、蒂若尔（Tirole）等也在原有利益集团规制理论涉及的治理主体中补充"中央政府"这一主体，并假设中央政府代表公共利益，而城市政府依然追求自身效用最大化。这一观点间接支持了笔者的论述结果，环境质量作为公共利益的一种，代表公共利益的中央政府理应起到更重要的作用。第二，就环境问题自身的属性而言，空气污染、水源污染等民众感知度最大的环境问题都具有很强的迁移性，臭氧层破坏和温室效应更是全球性环境问题，因此，鉴于环境问题的这种跨域性，必须由中央政府等上级的政府介入，才有可能促成区域协同的治理行为，才有可能切实实现环境治理的效果，这也表明中央政府作为环境治理体系的主体的合理性。

因此，从环境问题的跨域性和公共利益的代表两方面而言，中央政府作为环境治理体系的主导者也能形成更为有效的治理方案。这种有效性不仅存在于中国的制度背景和发展阶段之下，而且对于其他地区的环境问题治理也有借鉴意义。

第六章　长江经济带城市环境
可持续性政策的成效分析

以波特假说和区域环境压力理论为基础，可以建立包含政策变量的经济成效和环境成效模型，并通过多元线性回归分析考察政策变量的作用效果。然而，无论是经济成效还是环境成效，已有的相关研究结论都不能达成统一。通过文献梳理和理论推导，笔者认为城市所处经济发展阶段的差异很可能影响环境可持续性政策的实施成效，也造成了已有研究所呈现的矛盾结果。因此，对于环境政策的实施成效，不能使用单一线性模型进行，本章通过门槛模型对这种关系进行探索，旨在发现波特假说成立的条件，为波特假说的论述做出补充。

在长江经济带内部，城市处于不同的经济发展阶段，是异质性区域的典型代表（王丰龙和曾刚，2017）。因此，本章继续以长江经济带城市为研究对象，在第四章建立的长江经济带城市环境可持续性政策数据库的基础上，展开政策的成效分析。

第一节　分析方法

一、门槛模型

根据第三章提出的城市环境可持续性政策实施成效的理论模型，以及在不同经济发展阶段对三种政策的两种成效的相关假设，构建用于实证分析的长江经济带城市环境可持续性政策的经济成效和环境成效的多元回归模型。城市经济成效的回归模型为：

$$EcP = \beta_0 + \beta_1 EP + \beta_2 CI + \beta_3 LI + \beta_4 TI + u \tag{6-1}$$

若门槛效应存在，模型可以进一步分解为：

$$\begin{cases} EcP_1 = \beta_0 + \beta_1 TEP + \beta_2 CI + \beta_3 LI + \beta_4 TI + u_1, & q \leqslant \gamma_1 \\ EcP_2 = \beta_0 + \beta_1 TEP + \beta_2 CI + \beta_3 LI + \beta_4 TI + u_2, & q > \gamma_1 \end{cases} \tag{6-2}$$

$$\begin{cases} EcP_1 = \beta_0 + \beta_1 GEP + \beta_2 CI + \beta_3 LI + \beta_4 TI + u_1, & q \leqslant \gamma_2 \\ EcP_2 = \beta_0 + \beta_1 GEP + \beta_2 CI + \beta_3 LI + \beta_4 TI + u_2, & q > \gamma_2 \end{cases} \tag{6-3}$$

$$\begin{cases} EcP_1 = \beta_0 + \beta_1 SEP + \beta_2 CI + \beta_3 LI + \beta_4 TI + u_1, & q \leqslant \gamma_3 \\ EcP_2 = \beta_0 + \beta_1 SEP + \beta_2 CI + \beta_3 LI + \beta_4 TI + u_2, & q > \gamma_3 \end{cases} \tag{6-4}$$

其中，EcP 表示城市经济成效；EP 表示环境可持续性政策执行力度，在具体分析中，分解为宜居环境政策执行力度（TEP）、绿色经济政策执行力度（GEP）、生态社会政策执行力度（SEP）三部分，分别进行回归；CI、LI、TI 分别表示影响城市经济绩效的资本投入、劳动力投入、技术投入；q 表示门槛变量，表征城市的发展阶段和特征；γ_i 表示识别出的特定门槛值。

同理，城市环境成效的门槛回归模型为：

$$EvP=\beta_0+\beta_1 EP+\beta_2 PP+\beta_3 AF+\beta_4 TH+u \qquad (6-5)$$

若门槛效应存在，模型可以进一步分解为：

$$\begin{cases} EvP_1=\beta_0+\beta_1 TEP+\beta_2 PP+\beta_3 AF+\beta_4 TH+u_1, & q\leqslant\gamma_1 \\ EvP_2=\beta_0+\beta_1 TEP+\beta_2 PP+\beta_3 AF+\beta_4 TH+u_2, & q>\gamma_1 \end{cases} \qquad (6-6)$$

$$\begin{cases} EvP_1=\beta_0+\beta_1 GEP+\beta_2 PP+\beta_3 AF+\beta_4 TH+u_1, & q\leqslant\gamma_2 \\ EvP_2=\beta_0+\beta_1 GEP+\beta_2 PP+\beta_3 AF+\beta_4 TH+u_2, & q>\gamma_2 \end{cases} \qquad (6-7)$$

$$\begin{cases} EvP_1=\beta_0+\beta_1 SEP+\beta_2 PP+\beta_3 AF+\beta_4 TH+u_1, & q\leqslant\gamma_3 \\ EvP_2=\beta_0+\beta_1 SEP+\beta_2 PP+\beta_3 AF+\beta_4 TH+u_2, & q>\gamma_3 \end{cases} \qquad (6-8)$$

其中，EvP 表示城市环境成效；EP 表示环境可持续性政策执行力度，在具体分析中，同样分解为宜居环境政策力度（TEP）、绿色经济政策力度（GEP）、生态社会政策力度（SEP）三部分，分别进行回归；PP、AF、TH 分别表示影响城市环境成效的人口规模、富裕程度和技术水平；q 表示门槛变量，表征城市的发展阶段和特征，γ_i 表示识别出的特定门槛值。

二、指标选取与数据来源

城市经济成效的门槛模型涉及 6 组变量，各个要素的具体指标如表 6-1 所示，选取依据和数据来源如下：

（一）城市经济成效

本书构建的城市经济成效模型是基于生产函数扩展而来，因此采用应用最为广泛的衡量区域经济产出的指标 GDP 进行表征。数据来源于《中国城市统计年鉴（2017）》。

（二）环境可持续性政策投入

环境可持续性政策投入指标用第四章评价得到的各项环境可持续性政策

表 6-1　长江经济带城市环境可持续性政策的经济成效及具体指标

	变量	指标
被解释变量	城市经济成效（EcP）	城市生产总值
解释变量	环境可持续性政策投入（EP）	宜居环境政策力度：宜居环境政策得分（TEP）
		绿色经济政策力度：绿色经济政策得分（GEP）
		生态社会政策力度：生态社会政策得分（SEP）
	资本投入（CI）	城市固定资产投资
	劳动力投入（LI）	城市从业人员数量
	技术投入（TI）	科教类公共财政支出
门槛变量	经济发展阶段（q）	第三产业比重

得分来刻画。在系统梳理国内外相关研究中涉及的城市环境可持续性政策和对长江经济带各城市《中华人民共和国国民经济和社会发展第十三个五年规划纲要》进行内容分析的基础上，建立了长江经济带城市环境可持续性政策清单；并根据规划文本对每项具体政策的内容表述和篇幅，实现每个城市、每项具体政策的定量评分。利用特定词语在政府规范性政策文本中出现的时间、背景和频次，提取政府的发展意愿，与此前的城市环境政策间接评价法相比，此方法更具有针对性、精确性和创新性。通过各种统计方法对政策文本进行内容挖掘，已成为人文社会科学研究的新热点（许阳等，2016；刘琼等，2017；杨志军等，2017）。

长江经济带各城市《中华人民共和国国民经济和社会发展第十三个五年规划纲要》文本主要来源于各省份政府网站的政务信息公开专栏。由于云南省临沧市数据暂缺，本书考察对象为长江经济带 109 个地级及以上城市。

（三）资本投入

考虑地市级数据的可得性，资本投入指标采用城市固定资产投资额进行表征。在国内权威期刊《中国社会科学》（马光荣等，2016）、《地理学报》（张学波等，2018），以及《南开经济研究》（董晓芳和刘逸凡，2018）、《经济地理》（晁恒等，2018）等近年发表的一系列文献中，均采用了城市固定资产投资额这一指标表征资本投入，指标具有广泛的适用性和可靠性。数据来源于《中国城市统计年鉴（2017）》。

（四）劳动力投入

劳动力投入指标用城市从业人员数量进行刻画，由城镇单位从业人员期末人数、城镇私营和个体从业人员两个统计指标加总而来。数据来源于《中国城市统计年鉴（2017）》。

（五）技术投入

技术投入指标用科教类公共财政支出来表示，由公共财政科学技术支出和教育支出两部分构成。数据来源于《中国城市统计年鉴（2017）》。

（六）经济发展阶段

经济发展阶段是模型中的门槛指标。根据经济发展阶段的理论和实证研究，常用的评价指标有产业结构、经济水平、城市化水平、消费水平等（李晓西，2007；陈彦光和周一星，2005；关皓明等，2014），也有部分学者从发展动力的视角，用人口增长率、制度水平、创新水平等指标辅助刻画经济发展阶段（魏进平，2008；梁炜和任保平，2009；王琨和闫伟，2017）。

本书选取产业结构指标作为城市经济发展阶段的表征。因为在所有评价方法中，基于产业结构进行经济发展阶段的划分得到了最多的理论拥簇，德国经济学家霍夫曼（Hoffman）的《工业化的阶段和类型》、美国区域经济学家胡佛和费希尔（Hoover 和 Fisher）的《区域经济增长研究》、美国经济学家罗斯托（Rostow）的《经济成长阶段》和《政治和成长阶段》都是该领域的经典著作。在实证研究中，第二产业比重和第三产业比重都是常用的产业结构指标。诚然，工业化进程及其带来的产业结构升级对判定经济发展阶段非常重要，但是，第二产业在国民经济中比重并非越高越好，实际发展中第二产业比重会出现拐点，先提高后降低（李晓西，2007）。因此，第二产业比重曲线的非单调性造成其并不适合作为衡量经济发展阶段的门槛变量，相较而言，第三产业比重指标可以克服这一缺陷。

综上所述，本书选择第三产业比重表征城市的经济发展阶段，作为模型的门槛变量。数据来源于《中国城市统计年鉴（2017）》。

城市环境成效的门槛模型涉及 6 组变量，各个要素的具体指标如表 6-2 所示，选取依据和数据来源如下：

表 6-2　长江经济带城市环境可持续性政策的环境成效及具体指标

	变量	指标
被解释变量	城市环境成效（EvP）	城市环境综合指数
解释变量	环境可持续性政策投入（EP）	宜居环境政策力度：宜居环境政策得分（TEP）
		绿色经济政策力度：绿色经济政策得分（GEP）
		生态社会政策力度：生态社会政策得分（SEP）
	人口规模（PP）	城市常住人口数量
	富裕程度（AF）	城市人均生产总值
	技术水平（TH）	城市环保专利数量
门槛变量	经济发展阶段	第三产业比重

1. 城市环境成效

本书构建的城市环境成效模型基于区域环境压力理论的 IPAT 模型扩展而来，因变量城市环境综合指数的含义是城市环境压力的逆指标。即城市环境压力越大，环境综合指数反映的城市环境成效越差；反之，环境压力小的城市环境成效较好。因此环境综合指数的构建分为两步：第一，刻画城市环境压力。考虑地级市层面数据的可得性，从城市工业废水排放量、工业二氧化硫排放量和工业粉尘排放量三个方面进行刻画。参考 Lubell 等（2009）的方法，将三个数据合成为复合指标，具体方法为：首先对三组数据分别取对数；其次将对数值分别进行极差标准化，使其尺度相同；最后将三组标准化结果相加，得到城市压力情况。第二，对测算出的城市压力情况求逆，得到城市环境综合指数。数据来源于《中国城市统计年鉴（2017）》。

2. 环境可持续性政策投入

与经济成效模型相同，环境可持续性政策投入指标用第四章评价得到的各项环境可持续性政策得分来刻画。数据来源于对长江经济带各城市《中华人民共和国国民经济和社会发展第十三个五年规划纲要》文本的内容分析，各城市政策文本主要来源于各省市政府网站的政务信息公开专栏。

3. 人口规模

人口规模指标为城市常住人口数量。数据没有统一的获取途径，分别来源于各省份 2017 年统计年鉴。

4. 富裕程度

IPAT 模型中的富裕程度指标常用人均 GDP 来表征（孙克和徐中民，2016；黄蕊等，2016），本书沿用这一传统。数据来源于《中国城市统计年鉴（2017）》。

5. 技术水平

技术水平指标用城市环保专利数量进行表征。根据美国环境经济学家 Krutilla（1967）和 Page（1977）提出的"技术进步的非对称性概念"，技术进步可以分为开发生产型技术和环境保护型技术两类，而这两种技术的发展速度不对称，开发生产型技术的进步快于环境保护型技术。因此，用环保专利授权数量代替全部专利授权量等总体技术创新指标，对影响城市环境成效的技术因素进行刻画，更具有代表性。

城市环保专利数量并没有现成的统计数据，本书通过中国知网专利信息平台，对"节能""环保""新能源""减排""碳排放"等相关主题词汇对专利摘要进行检索。专利公开日限制为 2016 年 1 月 1 日至 12 月 31 日，共得到专利 79098 项。将各项专利数据导出后，对专利申请地址进行整理，并匹配到长江经济带各地级及以上城市。

6. 经济发展阶段

与经济成效模型中的门槛变量采用同一指标，即用第三产业比重区分城市发展阶段。数据来源于《中国城市统计年鉴（2017）》。

第二节　实证检验

利用 R 语言进行门槛模型的回归分析，在回归模型用怀特检验修正了异方差性，并且所有模型都通过了整体回归显著性 F 检验。利用 Hansen（2000）提出的 Bootstrap 法，进行反复抽样 1000 次，模拟得到门槛效应的显著性水平 P 值，从而找到最佳的门槛值。依据前文分析结果，将城市环境可持续性政策分解为宜居环境政策、绿色经济政策、生态社会政策三类，分别进行城市经济成效和城市环境成效的回归分析。模型涉及的所有变量的描述性统计量如表 6-3 所示，为了直接代入回归模型，除门槛变量之外的所有数据都经过取 ln 对数的处理。六个子模型的回归结果如下：

表 6-3　长江经济带城市环境可持续性政策成效模型变量的描述性统计

变量	最小值	最大值	平均值	标准差
被解释变量				
城市生产总值（EcP）	5.734	10.246	7.570	0.866
城市环境综合指数（EvP）	0.266	2.862	1.697	0.518
解释变量				
宜居环境政策得分（TEP）	0.500	2.879	2.268	0.308
绿色经济政策得分（GEP）	0.526	2.636	2.131	0.365
生态社会政策得分（SEP）	-1.663	1.920	0.721	0.607
城市固定资产投资（CI）	14.933	18.966	16.650	0.731

变量	最小值	最大值	平均值	标准差
城市从业人员数量（LI）	11.953	16.358	13.825	0.889
科教类公共财政支出（TI）	12.114	16.286	13.476	0.749
城市常住人口数量（PP）	4.667	8.027	6.013	0.618
城市人均生产总值（AF）	9.550	11.888	10.767	0.530
城市环保专利数量（TH）	0.000	6.265	2.449	1.486
门槛变量				
第三产业比重（q）	18.520	83.720	51.542	13.709

一、宜居环境政策的经济成效

假设4认为，在不同的经济发展水平下，宜居环境政策对城市经济绩效的影响存在差异。假设4-1认为，随着经济发展水平的提高，宜居环境政策对城市经济绩效的制约作用逐渐减小。

基于长江经济带城市的总体回归结果表明（见表6-4），宜居环境政策对城市经济成效具有抑制作用，但是影响并不显著；城市固定资产投资、城市从业人员数量、科教类公共财政支出三个指标与预期结果一致，对城市经济成效具有显著的促进作用。门槛变量回归得到的 Bootstrap P 值为 0.066，表示在10%的显著性水平下通过了 LM 检验，即第三产业比重的差异可以作为门槛变量，区分不同类型城市的宜居环境政策的经济成效，门槛值为35.80%。即假设4成立。

表6-4　长江经济带城市宜居环境政策的经济成效回归结果

解释因子	模型 3		模型 3-1（q≤γ_3）		模型 3-2（q>γ_3）	
	未标准化系数	标准误	未标准化系数	标准误	未标准化系数	标准误
宜居环境政策得分	-0.050	0.075	-0.257**	0.131	0.010	0.092
城市固定资产投资	0.671***	0.085	0.604***	0.085	0.665***	0.093

续表

解释因子	模型 3		模型 3-1（$q \leq \gamma_3$）		模型 3-2（$q > \gamma_3$）	
	未标准化系数	标准误	未标准化系数	标准误	未标准化系数	标准误
城市从业人员数量	0.294 ***	0.058	0.031	0.073	0.242 ***	0.061
科教类公共财政支出	0.155 **	0.087	0.507 ***	0.116	0.197 **	0.097
常数项	−9.642 ***	0.624	−8.946 ***	0.885	−9.546 ***	0.660
门槛值	35.800 *		—		—	
n	109		15		94	
R²	0.932		0.988		0.926	

注：*** 和 ** 、* 分别表示在 1%、5% 和 10% 的水平上显著。

以门槛值为界分别进行回归，结果表明，当经济发展水平较低（第三产业比重低于 35.80%）时，宜居环境政策对于城市经济成效具有显著的抑制作用；当经济发展水平较高（第三产业比重高于 35.80%）时，宜居环境政策对于城市经济成效的抑制作用消除，但是促进作用并不显著。因此可以认为，随着经济发展水平的提高，宜居环境政策对城市经济绩效的制约作用逐渐减小，假设 4-1 成立。

实证分析的结果与理论推导基本一致，表明宜居环境政策确实增加了城市环境治理投入，从而对城市经济绩效总体呈现制约效应。然而随着发展阶段的变迁，城市产业体系从各方面具备了向高端化转型的条件，以资本和智力要素为主要投入因子的产业对于环境治理类政策的承受力较高，且环境质量的改善更有利于这些产业的人力资本积累和产品质量提升，总体表现为制约作用的消失，甚至出现促进作用。因此，从经济效益的角度而言，经济发展阶段较高的城市更有利于实施宜居环境政策。

需要说明的是，陈志刚和郭帅（2016）在对我国经济发展阶段进行划分时，明确界定了第三产业结构在发展阶段划分时的临界值。根据其界定的 5 个临界值，结合经济发展阶段的六段划分法，六个阶段划分标准如表 6-5 所示。

表6-5 经济发展阶段与第三产业结构的对应关系

经济发展阶段	前工业化阶段	工业化阶段			后工业化阶段	
	初级产品生产	工业化初期	工业化中期	工业化后期	发达经济初期	发达经济时代
第三产业结构	0.21以下	0.21~0.33	0.33~0.53	0.53~0.69	0.69~0.85	0.85以上

结合上述结论，工业化中期以后的城市更有利于实施宜居环境政策。

二、绿色经济政策的经济成效

假设5认为，在不同的经济发展水平下，绿色经济政策对城市经济绩效的影响存在差异。假设5-1认为，随着经济发展水平的提高，绿色经济政策对城市经济绩效的促进作用逐渐减小。

基于长江经济带城市的总体回归结果表明（见表6-6），绿色经济政策对城市经济成效同样具有抑制作用，但是影响并不显著；城市固定资产投资、城市从业人员数量、科教类公共财政支出三个指标与预期结果一致，对城市经济成效具有显著的促进作用。门槛变量回归得到的Bootstrap P值为0.043，表示在5%的显著性水平下通过了LM检验，即第三产业比重的差异可以作为门槛变量，区分不同类型城市的绿色经济政策的经济成效，门槛值为44.79%。即假设5成立。

表6-6 长江经济带城市绿色经济政策的经济成效回归结果

解释因子	模型2		模型2-1（$q \leq \gamma_2$）		模型2-2（$q > \gamma_2$）	
	未标准化系数	标准误	未标准化系数	标准误	未标准化系数	标准误
绿色经济政策得分	-0.075	0.074	0.466***	0.153	-0.152**	0.068
城市固定资产投资	0.679***	0.080	0.446***	0.166	0.713***	0.094
城市从业人员数量	0.295***	0.057	0.515***	0.109	0.234***	0.057
科教类公共财政支出	0.158**	0.079	0.148	0.140	0.177**	0.105

续表

解释因子	模型 2		模型 2-1（q≤γ_2）		模型 2-2（q>γ_2）	
	未标准化系数	标准误	未标准化系数	标准误	未标准化系数	标准误
常数项	−9.778***	0.591	−10.001***	1.124	−9.610***	0.717
门槛值	44.790**		—		—	
n	109		36		73	
R^2	0.932		0.953		0.932	

注：***、**和*分别表示在1%、5%和10%的水平上显著。

以门槛值为界分别进行回归，结果表明，当经济发展水平较低（第三产业比重低于44.79%）时，绿色经济政策对于城市经济成效具有显著的促进作用；当经济发展水平较高（第三产业比重高于44.79%）时，绿色经济政策对于城市经济成效具有显著的抑制作用。因此可以认为，随着经济发展水平的提高，绿色经济政策对城市经济绩效的促进作用逐渐降低，假设 5-1 成立。

实证分析的结果与理论推导基本一致，引入门槛变量的效果显著。对于经济发展阶段较低的城市，绿色经济政策确实可以开发新市场、塑造技术优势，为地方经济引入新兴增长点和活力。然而对于经济发展阶段较高的城市，绿色经济政策伴随着人力、厂房等其他产业成本的增加，极大可能导致产业迁出，影响了地方经济效益。而对于少部分完成工业化的发达城市，绿色经济政策重点倡导的节能环保产业和循环工业园区相对于地方产业体系（可能是金融、信息、房地产等第三产业门类），在经济效益上并不具有比较优势，如果过度跟风强调狭义的绿色产业发展，也可能造成经济效益的损失。因此，从经济效益的角度而言，绿色经济政策对于处于工业化中前期的城市成效更好，而对于处于工业化中后期和后工业化时期的城市成效较低。

三、生态社会政策的经济成效

假设 6 认为，在不同的经济发展水平下，生态社会政策对城市经济绩效的影响存在差异。假设 6-1 认为，随着经济发展水平的提高，生态社会政策对城市经济绩效的促进作用逐渐减小。

基于长江经济带城市的总体回归结果表明（见表 6-7），生态社会政策对城市经济成效具有促进作用，但是影响同样并不显著；城市固定资产投资、城市从业人员数量、科教类公共财政支出三个指标与预期结果一致，对城市经济成效具有显著的促进作用。门槛变量回归得到的 Bootstrap P 值为 0.113，表示在 10% 的显著性水平下不能通过 LM 检验，即第三产业比重的差异不能作为门槛变量，区分不同类型城市的生态社会政策的经济成效。即假设 6、假设 6-1 不成立。

表 6-7   长江经济带城市生态社会政策的经济成效回归结果

解释因子	未标准化系数	标准误
生态社会政策得分	0.020	0.032
城市固定资产投资	0.663***	0.081
城市从业人员数量	0.287***	0.057
科教类公共财政支出	0.165**	0.079
常数项	-9.673***	0.606
门槛值	66.050	
n	109	
R^2	0.931	

注：***、**和*分别表示在1%、5%和10%的水平上显著。

生态社会政策对于城市经济效益总体具有促进作用，但是效果不显著，且与城市发展阶段无关。这表明环保意识的提升能够提高环境需求、积累社

会资本，为社会可持续发展转型提供基础，只是对于经济发展的影响作用更
为间接，尤其在短期内很难显现出显著积极影响。总之，生态社会政策仍然
具有发挥积极效应的潜力，且城市无论处于什么发展阶段，都可以强化生态
社会政策的发展。

四、宜居环境政策的环境成效

假设 7 认为，在不同的经济发展水平下，宜居环境政策对城市环境绩效
的影响不存在差异。假设 7-1 认为，宜居环境政策对城市环境成效具有促进
作用。

基于长江经济带城市的总体回归结果表明（见表 6-8），宜居环境政策对
城市环境综合指数具有显著的促进作用；城市常住人口数量、城市人均生产
总值与预期结果一致，对城市环境压力具有促进作用，所有对环境状况具有
显著的消极影响；城市环保专利数量对于环境状况同样具有改善作用，但是
影响效应不显著。门槛变量回归得到的 Bootstrap P 值为 0.272，表示在 10%
的显著性水平下不能通过 LM 检验，即第三产业比重差异的门槛效应不存在，
无法通过城市发展阶段的差异对宜居环境政策的环境成效进行区分。即假设
7、假设 7-1 成立。

表 6-8 长江经济带三类城市环境可持续性政策的环境成效回归结果

解释因子	模型 4 宜居环境政策		模型 5 绿色经济政策		模型 6 生态社会政策	
	未标准化系数	标准误	未标准化系数	标准误	未标准化系数	标准误
环境政策得分	0.775**	0.451	-0.989**	0.441	0.562	0.735
城市常住人口数量	-0.370***	0.077	-0.372***	0.076	-0.385***	0.079
城市人均生产总值	-0.463***	0.109	-0.476***	0.107	-0.475***	0.112
城市环保专利数量	0.041	0.048	0.043	0.047	0.032	0.048
常数项	5.052***	1.291	5.972***	1.252	5.593***	1.282

续表

解释因子	模型 4 宜居环境政策		模型 5 绿色经济政策		模型 6 生态社会政策	
	未标准化系数	标准误	未标准化系数	标准误	未标准化系数	标准误
门槛值	50.79		51.50		50.79	
n	109		109		109	
R^2	0.412		0.421		0.400	

注：＊＊＊、＊＊和＊分别表示在1%、5%和10%的水平上显著。

实证分析的结果与理论推导基本一致，表明宜居环境政策的实施总体有助于减少城市环境污染。从环境成效的角度而言，所有城市都应该继续推进宜居环境政策的实施。

五、绿色经济政策的环境成效

假设 8 认为，在不同的经济发展水平下，绿色经济政策对城市环境成效的影响不存在差异。假设 8-1 认为，绿色经济政策对城市环境成效具有绝对意义上的消极作用。

基于长江经济带城市的总体回归结果表明（见表6-8），绿色经济政策对城市环境综合指数具有显著的消极影响；城市常住人口数量、城市人均生产总值与预期结果一致，会提高城市环境压力，对环境质量具有显著的负向影响；城市环保专利数量对于环境状况同样具有促进作用，但是影响效应依然不显著。门槛变量回归得到的 Bootstrap P 值为 0.212，表示在 10% 的显著性水平下不能通过 LM 检验，即第三产业比重差异的门槛效应不存在，无法通过城市发展阶段的差异对绿色经济政策的环境成效进行区分。即假设 8、假设 8-1 成立。

实证分析的结果与理论推导基本一致，表明绿色经济政策对城市的环境污染排放没有绝对意义上的削减作用，且与城市发展阶段无关。结合绿色经济政策的经济成效，发展阶段较低的城市在实施绿色经济政策时不可大意，仍要探索发现技术和组织创新形式，进一步降低其环境影响；发展阶段较高的城市在实施绿色经济政策时应该更加慎重，从环境、经济效应各方面审慎地做好本地产业体系分析与规划，协调好绿色产业部门的比重。

六、生态社会政策的环境成效

假设9认为，在不同的经济发展水平下，生态社会政策对城市环境成效的影响不存在差异。假设9-1认为，生态社会政策对城市环境成效具有促进作用。

基于长江经济带城市的总体回归结果表明（见表6-8），生态社会政策对城市环境综合指数具有积极影响，但是效应并不显著；城市常住人口数量、城市人均生产总值与预期结果一致，对城市环境状况具有显著的消极影响；城市环保专利数量对环境状况同样具有不显著的改善作用。门槛变量回归得到的 Bootstrap P 值为 0.222，表示在 10%的显著性水平下不能通过 LM 检验，即第三产业比重差异的门槛效应不存在，同样无法通过城市发展阶段的差异对生态社会政策的环境成效进行区分。即假设9成立，假设9-1不成立。

在生态社会政策的影响下，民众的环保意识应该不断提高，环境需求不断增长，从而对环境成效产生积极促进作用。然而，实证结果表明这种影响效应的总体趋势为积极的，但是并不显著，原因可能在于两个方面：第一，生态社会政策的作用周期较长，效果仍未完全体现；第二，生态社会政策作为新兴的环境政策方向，约束机制和激励机制都未建立，因此城市政府对于该类政策的采纳并不一定意味着严格执行，出台相关规划或政策也不一定意味着每一项都得到充分实施（Sharp 等，2011），所谓实施在很大程度上只是象征意义上的行为。但是无论如何，生态环境政策对于促进环境成效的提高具有很大潜力，对于处在不同发展阶段的城市都具有推广价值。

第三节　本章小结

在将城市环境可持续性政策划分为宜居环境政策、绿色经济政策、生态社会政策三个类型的基础上，结合区分经济发展阶段的门槛模型，本章对不同经济发展阶段、不同类型政策的经济成效和环境成效进行定量研究，以长江经济带城市为实证分析对象，得到以下结论：

第一，宜居环境政策、绿色经济政策的经济成效都受到城市经济发展阶段的影响，假设4、假设5成立，表明波特假说的成立的确存在条件。而生态社会政策的经济成效积极但不显著，与城市发展阶段无关。

从产业发展的视角对作用效果显著的宜居环境政策和绿色经济政策的作用机理进行重点分析。首先，宜居环境政策通过环境治理，间接促进人力资本的积累，影响智力和资本密集型产业的效益；其次，绿色经济政策直接作用于产业体系，会导致污染产业（一般是资源密集型产业）的转移或转型。将城市划分为初级发展阶段和高级发展阶段两个类别。对于处在工业化中前期的城市，在污染产业进入的大背景下，通过绿色经济政策构建生态环保技术基础和生态产业园区，有助于这类城市接纳产业转移并促进产业成长，从而为地方经济引入绿色发展的新兴增长点和活力；而受限于发展阶段，智力密集型产业没有充足的发展基础，因此环境质量促进智力密集型产业人力资本积累的效应无法显现。对于处在工业化后期和后工业化时期的城市，污染产业迁出会影响地方经济效益，节能环保产业与信息、金融等产业相比对于经济发展不具有比较优势，同时，智力和资本密集型在这类城市大量集中，良好的环境质量对于智力和资本密集型产业的促进作用逐步显现（见图6-1）。因此，绿色经济政策对于处在工业化中前期的城市而言经济成效较好，宜居环境政策对于处在工业化后期和后工业化时期的城市经济成效较好。

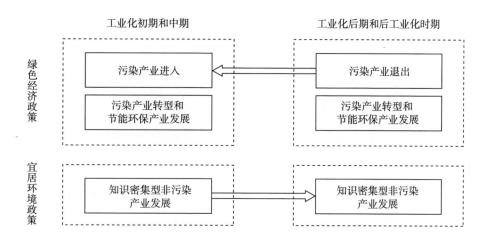

图6-1　绿色经济政策和宜居环境政策对于城市经济成效的作用机理

两类政策综合而言，对于城市经济成效具有促进作用。将宜居环境政策和绿色经济政策得分加总作为政策投入变量，其他因素不变，门槛回归结果显示，以第三产业比重59.150为门槛值（Bootstrap P 值为0.006），经济发展阶段较低的城市，政策的经济成效更显著（见表6-9）。即波特假说是成立的，且对于工业化初期和中期的城市效果更显著。

表6-9　长江经济带城市宜居环境政策和绿色经济政策的综合经济成效回归结果

解释因子	模型7		模型7-1（q≤γ_2）		模型7-2（q>γ_2）	
	未标准化系数	标准误	未标准化系数	标准误	未标准化系数	标准误
宜居环境政策和绿色经济政策综合得分	0.126*	0.080	0.194**	0.096	0.106	0.093
城市固定资产投资	0.232**	0.129	0.115	0.208	0.180**	0.127

续表

解释因子	模型 7		模型 7-1（$q \leq \gamma_2$）		模型 7-2（$q > \gamma_2$）	
	未标准化系数	标准误	未标准化系数	标准误	未标准化系数	标准误
城市从业人员数量	0.003	0.094	0.072	0.130	0.250***	0.091
科教类公共财政支出	0.171*	0.123	0.330**	0.180	0.541***	0.148
常数项	−5.065***	0.942	−2.577**	1.389	−5.915***	0.864
门槛值	59.150***		—		—	
n	109		82		27	
R^2	0.932		0.953		0.932	

注：***、**和*分别表示在1%、5%和10%的水平上显著。

因此，波特假说的原有表述为"精心设计的环境政策并非必然妨碍竞争优势，相反，有可能提高竞争力"（Porter，1991）。根据本书的论证，这一表述可以补充为：对于处在工业化中前期的城市，旨在发展绿色产业的绿色经济政策能够促进经济效益，提高综合竞争力；对于处在工业化后期和后工业化时期的城市，旨在减少环境系统损害的宜居环境政策能够促进人力资本积累，对经济效益不存在制约作用。

第二，三类政策的环境成效都与城市经济发展阶段无关。总体而言，宜居环境政策和生态社会政策的环境成效是积极的，但是生态社会政策的作用效果不显著，而绿色经济政策的环境成效是消极的。因此，在推进绿色经济政策时不可流于象征意义的表面工作，应该努力探索绿色技术和组织创新，切实关注其环境影响；同时，建立生态社会政策的约束机制和激励机制，重视培养民众的环保意识，塑造覆盖全社会的环境监管体系，为城市环境可持续发展提供有力保障。

第三，综合经济和环境两种成效（见表6-10），处于工业化中前期的城市应该在平衡环境—经济系统关系时略微偏重经济成效，所以更适合执行绿色经济政策和生态社会政策；而处于工业化后期和后工业化时期的城市在平衡环境—经济系统关系时应该更偏重于环境成效，因此更适合执行宜居环境政策和生态社会政策。

表6-10　长江经济带城市环境可持续性政策的成效矩阵

城市类型	经济成效	环境成效
工业化前期和中前	绿色经济政策	宜居环境政策
	生态社会政策（不显著）	生态社会政策（不显著）
工业化后期和后工业化时期	宜居环境政策（不显著）	宜居环境政策
	生态社会政策（不显著）	生态社会政策（不显著）

注：表格内容表示有利于促进城市经济成效/环境成效的政策类型。

第七章　城市环境可持续发展的政策建议

根据各类城市环境可持续性政策的实施现状，将城市划分为三种类型：以宜居环境政策为主的城市、以绿色经济政策为主的城市、以生态社会政策为主的城市。结合不同经济发展阶段各类政策的实施成效，处于工业化初期和中期的城市应该在平衡环境—经济系统关系时略微偏重经济成效，所以应该偏重于绿色经济政策和生态社会政策；而处于工业化后期的城市在平衡环境—经济系统关系时应该更偏重于环境成效，所以应该更偏重于宜居环境政策和生态社会政策。因此，从政策周期的角度，可以根据发展阶段和政策偏重类型，进一步将城市分为六种，如表 7-1 所示①。

表 7-1　基于发展阶段和政策偏重的城市类型划分与政策发展方向

城市类型	类型特征	工业化初期和中期	工业化后期和后工业化时期
以宜居环境政策为主	类型与代表城市	T1 型，合肥等	T2 型，张家界等
	数量	27 个	8 个
	发展方向	降低宜居环境政策比重 加强绿色经济政策和生态社会政策	维持宜居环境政策，加强生态社会政策

① 根据第六章模型 7 政策综合经济成效的门槛回归模型，最优门槛值为 59.15%，由此对偏重每种政策类型的城市进行经济发展阶段的划分。各类型具体城市名录详见附录 2。

续表

城市类型	类型特征	工业化初期和中期	工业化后期和后工业化时期
以绿色 经济政策 为主	类型与代表城市	G1 型，重庆、南昌等	G2 型，南京、杭州等
	数量	47 个	17 个
	发展方向	维持绿色经济政策，加强生态社会政策	降低绿色经济政策比重 加强宜居环境政策和生态社会政策
以生态 社会政策 为主	类型与代表城市	S1 型，长沙等	S2 型，上海、昆明
	数量	8 个	2 个
	发展方向	维持生态社会政策，加强绿色经济政策	维持生态社会政策，提高宜居环境政策

资料来源：笔者自绘。

针对各种城市类型，应采取不同的政策发展方向。鉴于中央政府在环境治理体系中的主导作用，应该对不同城市政府采取差异化的引导措施。而城市发展阶段也会影响政策实施成效，因此城市政府不能仅仅被动落实中央政策，也要发挥主观能动性，争取形成"中央—地方"二元耦合的环境可持续性治理体系。

第一节 中央政府应强化环境直接监管政策

环境直接监管应侧重于处于工业化初期和中期的三类城市（即 T1 型、G1 型、S1 型）。对于这些城市，需要促进绿色经济政策和生态社会政策的发展。结合这两类政策的驱动因素，中央政府的直接监管作用效果对两类政策都显著。因此，中央政府应该完善监管体系、严格考核标准等政策，并通过财政激励等措施，补足这类城市环境政策投资能力的欠缺，从而推动这类城市环境—经济协同发展。

具体而言，首先，中央政府应以制度化方式考核地方的环境绩效。我国已将环境指标纳入干部考核指标体系，逐步完善环保责任制，并多轮次实施环保约谈等环境监管措施。然而，已有学者通过经验性研究发现，提升环境指标在干部考核指标体系中的地位、环保约谈等方式在短期内可能有助于提升地方环境治理力度，但其长期环境治理效果存疑（冉冉，2013；沈洪涛和周艳坤，2017）。因此，中央政府应继续深化环境管理体制改革，在环保执法监督方面打破原有的属地管理模式，进行垂直管理制度改革，为统筹推动"五位一体"总体布局和协调推进"四个全面"战略布局提供制度保障；在考核干部环境治理绩效时，不仅旨在环境保护，更要注重生态建设、生态资本与绿色经济发展，形成经济发展和环境保护兼容共兴的执政理念，同时，根据区域特征设置灵活特色的经济发展指标和环境指标的权重系数，与国土空间规划和主体功能区规划相协调。

其次，中央政府应提高财政补贴力度和引导作用。一方面，加强环境治理投资与财政转移支付，从经济角度激发地方政府的环保意愿（任丙强，2018）。尤其在"双碳"战略背景下，通过财政补贴积极支持地方政府与产业提高能源利用率、实现清洁能源替代（蒋丹和张林荣，2019）。另一方面，继续优化中央与地方财政关系，降低地方政府财政赤字压力下的 GDP 发展冲动，适当提高地方政府的税收比例，为地方实施环保治理建立稳定的地方税源，加大环境转移支付力度，统筹安排地方生态保护专项资金，切实提高地方政府全面贯彻落实中央政府环境政策的能力和积极性（任丙强，2013）。

此外，中央政府可以依托大数据、云计算技术等信息化手段，建立有效、穿透性的沟通机制，加强与地方政府间的信息交流，以更低的成本、更快的速度、更高的准确度获得地方环境信息，倒逼地方政府主动与中央政府进行环境信息交流，保障上级环保政策能够切实落地实施，同时也帮助中央政府更好地把握宏观环境政策方向，制定科学的环境保护政策（卢青，2020）。

第二节 中央政府应引导邻近区域实施环境协同治理

这一措施应侧重于工业化后期和后工业化时期的三类城市（即 T2 型、G2 型、S2 型）。因为对于这些城市，宜居环境政策和生态社会政策的发展更为适宜。而宜居环境政策强度呈现显著的邻近区域协同效益。因此，中央政府应该主要发挥间接作用，引导邻近区域实施环境共治。同时辅以直接监管，着重提高这类城市的环境质量。

具体而言，首先，中央政府应主导完善纵向的跨区域环境协同治理机制。纵向协调机制是解决跨区域环境冲突和污染问题的重要方式，尤其在中国政治制度下，执政党在纵向环境协同治理治理中扮演着重要角色，确保各级党委能够总揽全局、协调各方，形成了统合治理（杨宏山和石晋昕，2018）。例如，执行层面的四级河长制、五级林长制等制度体系，能够有效协调上下级政府间的环境利益冲突，统筹治理环境污染，确定共同的环境标准，防止地方政府陷入降低环境标准的"囚徒困境"（任丙强，2013）。再如在大气污染治理中，中央政府可以给予地方政府部分环境管辖权，同时加强在信息提供和污染治理中的指导作用，给地方政府提供一些环保标准和政策工具的选择项，让地方政府的环境管辖权在可控的范围内行使，从而避免地方环境治理过程中可能产生的"环境竞次"效应（Race to the Bottom）和"环境竞优"效应（Race to the Top）①，协调区域地方政府之间的利益，实现区域的包容性发展（崔晶和孙伟，2014）。

其次，中央政府应引导建立横向的跨区域协调机制。横向跨区域协调机制能防止地方政府因环境外部性而陷入的非合作博弈。而在中国政治制度下，高位介入可有效打破层级壁垒，在更广的层面和维度推进跨部门协同。在实践中，中央政府往往通过领导小组牵头或政策意见倡导，促进临近区域建立信息沟通机制、环境危机事件应急机制、生态补偿机制、合作约束和第三方监督机制等，强化地方政府间的生态环境治理合作。例如，中央政府强有力的政治驱动和政策安排为京津冀三地政府在跨界大气污染治理中的协同提供了强大的驱动和约束，保证了京津冀三地政府在跨界大气污染上的合作。然而，三地政府在跨界大气污染协同治理中的资源不足、利益不均也导致京津冀大气协同治理形成"被动式回应型"特征，在中央高强度介入降低的情况下，地方政府的行为就会再次受到发展型地方主义逻辑支配。因此，在中央强制力的保障下，引导邻近区域形成良性循环的环境协同治理的关键在于建立有效的利益协调与利益补偿的机制，如基于"受益者支付"的利益补偿机制，或设立污染治理共同基金，从而走出集体行动困境（孟庆国等，2019）。此外，国家也在尝试通过区域战略化的方式（如京津冀、长三角、粤港澳大湾区等区域发展战略），提升区域环境协同治理的战略地位与统筹能力，为区域内府际协作提供更多制度保障（锁利铭，2020）。

---

① "环境竞次"效应即企业会选择到环境管制标准较低的地区去进行资本投资。"环境竞优"效应即地方政府之间为了提高本地区的大气标准，而制定比国家标准和其他地区标准更为严格的污染控制标准，从而将污染物和污染企业转移到其他地区。

第三节　城市政府应提高环境治理的主观能动性

虽然多元治理主体与合作伙伴关系仍未形成，城市政府主动参与环境可持续性治理的内生动力仍不充足，但是城市政府不能刻板执行中央决策，要根据自身发展阶段，有重点地选择不同治理路径。根据上述的六种城市类型，具体政策路径如下：

第一，处于工业化初期或中期且出台政策中以宜居环境政策为主的城市（即 T1 型）。这类城市有 27 个，以合肥等城市为代表，从综合效益最大化的角度来看，这类城市的宜居环境政策比重偏高，因此，应该着重加强绿色经济政策和生态社会政策的实施力度，从而适当降低宜居环境政策在环境可持续性政策体系中的比重，谋求环境—经济的双赢。

第二，处于工业化后期且出台政策中以宜居环境政策为主的城市（即 T2 型）。这类城市有 8 个，以张家界为代表，这类城市第三产业发达，宜居环境政策实施力度适宜，应该继续维持，同时适当增加生态社会政策，着重提高城市的环境质量。

第三，处于工业化初期和中期阶段，且出台政策中以绿色经济政策为主的城市（即 G1 型）。这类城市有 47 个，以重庆、南昌为代表，是城市数量最多的一类城市。这类城市着重发展绿色经济政策的做法是适宜的，应该继续强化绿色产业发展，大力实施绿色技术创新，同时适当兼顾生态社会政策的发展。

第四，处于工业化后期，且出台政策中以绿色经济政策为主的城市（即 G2 型）。这类城市有 17 个，以南京、杭州为代表，这些城市的环境可持续性政策构成中，绿色经济政策的比重偏高，因此，应该加大宜居环境政策和生态社会政策的推行力度，在产业体系规划时谨慎对待绿色产业发展，以良好的环境质量吸引具有更高附加值且对环境友好的产业门类。

第五，处于工业化初期或中期，且出台政策中以生态社会政策为主的城市（即 S1 型）。这类城市有 8 个，以长沙为代表，这类城市应该维持生态社会政策的发展，同时适当发展新兴绿色产业，在环境成效和经济成效间取得平衡。

第六，处于工业化后期或后工业化时期，且出台政策中以生态社会政策为主的城市（即 S2 型）。这个类别只有上海、昆明两座城市，在城市环境可持续性政策构成中，对于生态社会政策的重视是适宜的，应该把握已有的经济优势，大力推动城市的宜居水平建设，同时构建先进的环境监管平台，普及生态教育和环境友好的生活工作方式，成为引领社会实现可持续发展转型的先行示范平台。

综上所述，城市环境可持续性政策的类型具有阶段分异性，中央政府和城市政府都应该有的放矢地选择适宜的政策类型，向建立"中央—地方"二元耦合的环境可持续性治理体系努力，争取政策效益最大化。

参考文献

［1］阿里木江·卡斯木：《人口密度、夜间光数据及 MODIS 的全球城市分类》，《遥感信息》2018 年第 1 期，第 86-92 页。

［2］北京市环境保护局：《2017 年北京市环境状况公报》，2018 年。

［3］财富中文网：《2017 年中国 500 强利润率最高的 40 家公司》，http：//www. fortunechina. com/fortune500/c/2017-07-31/content_287535. htm，2017 年 7 月 31 日。

［4］蔡传里：《环境规制的绩效研究——基于产业升级视角的进一步思考》，《会计之友》2015 年第 11 期，第 52-55 页。

［5］蔡守秋、王欢欢：《欧盟环境法的发展历程与趋势》，《福州大学学报（哲学社会科学版）》2009 年第 23 卷第 4 期，第 88-94 页。

［6］曹凤中、吴迪、李京等：《循环经济本质的探讨》，《黑龙江环境通报》2008 年第 32 卷第 3 期，第 1-2 页。

［7］晁恒、满燕云、王砾、李贵才：《国家级新区设立对城市经济增长的影响分析》，《经济地理》2018 年第 38 卷第 6 期，第 19-27 页。

［8］陈明华、郝国彩：《中国人口老龄化地区差异分解及影响因素研究》，《中国人口·资源与环境》2014 年第 24 卷第 4 期，第 136-141 页。

[9] 陈琪：《环境绩效对提升企业经济绩效之关系——基于国外实证研究成果的分析》，《现代经济探讨》2013 年第 7 期，第 82-87 页。

[10] 陈劭锋、王毅、邹秀萍等：《可持续发展治理的一个理论框架》，《中国人口资源与环境》2008 年第 18 卷第 6 期，第 23-29 页。

[11] 陈维军：《文献计量法与内容分析法的比较研究》，《情报科学》2001 年第 19 卷第 8 期，第 884-886 页。

[12] 陈彦光、周一星：《城市化 Logistic 过程的阶段划分及其空间解释——对 Northam 曲线的修正与发展》，《经济地理》2005 年第 25 卷第 6 期，第 817-822 页。

[13] 陈仪、姚奕、孙祁祥：《经济增长路径中的最优环境政策设计》，《财贸经济》2017 年第 38 卷第 3 期，第 99-115 页。

[14] 陈映：《区域经济发展阶段理论述评》，《求索》2005 年第 2 期，第 16-18 页。

[15] 陈志刚、郭帅：《中国经济发展方式转变的阶段划分与测度》，《中南民族大学学报（人文社会科学版）》2016 年第 36 卷第 2 期，第 89-95 页。

[16] 陈志勇、辛冲冲：《中国公共环境支出非均衡性测度及评价》，《经济与管理研究》2017 年第 38 卷第 10 期，第 82-93 页。

[17] 程都、李钢：《我国环境规制对经济发展影响的分析——基于〈中国经济学人〉的调查数据》，《河北大学学报（哲学社会科学版）》2017 年第 42 卷第 5 期，第 96-108 页。

[18] 褚艳玲、宫之光、杨忠振：《21 世纪以来中国航空货运空间变化研究》，《地理科学》2016 年第 36 卷第 3 期，第 335-341 页。

[19] 崔晶：《新型城镇化进程中地方政府环境治理行为研究》，《中国人口·资源与环境》2016 年第 26 卷第 8 期，第 63-69 页。

[20] 崔晶、孙伟：《区域大气污染协同治理视角下的府际事权划分问题

研究》,《中国行政管理》2014 年第 9 期,第 11–15 页。

[21] 崔义中、阚明晖:《"包容性增长"视角下社会制衡型环境经济政策的设想》,《统计与决策》2011 年第 4 期,第 63–64 页。

[22] 丁焕峰、孙小哲、王露:《创新型城市试点改善了城市环境吗?》,《产业经济研究》2021 年第 2 期,第 101–113 页。

[23] 董立延:《新世纪日本绿色经济发展战略——日本低碳政策与启示》,《自然辩证法研究》2012 年第 28 卷第 11 期,第 65–71 页。

[24] 董晓芳、刘逸凡:《交通基础设施建设能带动县域经济发展么?——基于 2004~2013 年国家级高速公路建设和县级经济面板数据的分析》,《南开经济研究》2018 年第 4 期,第 3–20 页。

[25] 杜传忠:《政府规制俘获理论的最新发展》,《经济学动态》2005 年第 11 期,第 72–76 页。

[26] 符淼、黄灼明:《我国经济发展阶段和环境污染的库兹涅茨关系》,《中国工业经济》2008 年第 6 期,第 35–43 页。

[27] 傅蔚冈:《新能源企业也在走重污染老路?》,《环境经济》2011 年第 10 期,第 64 页。

[28] 高国荣:《美国现代环保运动的兴起及其影响》,《南京大学学报（哲学·人文科学·社会科学）》2006 年第 43 卷第 4 期,第 47–56 页。

[29] 高建刚:《环保意识提升促进经济环境双赢发展的内生增长模型》,《数学的实践与认识》2016 年第 46 卷第 17 期,第 50–57 页。

[30] 高科:《国内学界关于美国环境史的研究》,《史学理论研究》2015 年第 3 期,第 140–146 页。

[31] 葛建军、韩龙:《我国第三产业利润率的行业差异分析——基于分层线性模型与最小二乘法的比较》,《贵州财经学院学报》2010 年第 2 期,第 56–61 页。

［32］顾程亮、李宗尧、成祥东：《财政节能环保投入对区域生态效率影响的实证检验》，《统计与决策》2016 年第 19 期，第 109-113 页。

［33］关皓明、翟明伟、刘大平等：《中国区域经济发展方式转变过程测度及特征分析》，《经济地理》2014 年第 34 卷第 6 期，第 16-24 页。

［34］郭敏、谭芝灵：《政府规制国内研究综述》，《改革与战略》2010 年第 26 卷第 10 期，第 194-198 页。

［35］郝翠、李洪远、莫训强等：《基于三元相图法的天津生态经济系统能值分析》，《自然资源学报》2010 年第 25 卷第 7 期，第 1132-1141 页。

［36］贺灿飞、周沂等：《环境经济地理研究》，科学出版社 2016 年版，第 33-35 页。

［37］侯新烁、杨汝岱：《政府城市发展意志与中国区域城市化空间推进——基于〈政府工作报告〉视角的研究》，《经济评论》2016 年第 6 期，第 9-22 页。

［38］黄蕊、王铮、丁冠群等：《基于 STIRPAT 模型的江苏省能源消费碳排放影响因素分析及趋势预测》，《地理研究》2016 年第 35 卷第 4 期，第 781-789 页。

［39］黄义乔、刘晶茹、王效华：《基于 Agent 的农工复合型生态产业园的建模与仿真》，《生态与农村环境学报》2015 年第 31 卷第 3 期，第 301-307 页。

［40］黄志基、贺灿飞、杨帆等：《中国环境规制、地理区位与企业生产率增长》，《地理学报》2015 年第 70 卷第 10 期，第 1581-1591 页。

［41］贾利军、王之润：《行业利润率对贫富差距和通货膨胀影响的经济学分析》，《现代财经（天津财经大学学报）》2010 年第 30 卷第 11 期，第 16-23 页。

［42］贾妍、于楠楠：《我国生态城市建设的时空演化路径及其发展模

式》，《哈尔滨工程大学学报》2017 年第 38 卷第 2 期，第 324-330 页。

　　［43］简新华、彭善枝：《中国环境政策矩阵的构建与分析》，《中国人口·资源与环境》2003 年第 13 卷第 6 期，第 29-34 页。

　　［44］姜彩楼、李永浮：《OECD 国家环境经济手段分析》，《软科学》2007 年第 21 卷第 2 期，第 38-41 页。

　　［45］蒋丹、张林荣：《基于多方合作博弈的我国低碳环境政策优化路径》，《企业经济》2019 年第 38 卷第 12 期，第 22-28 页。

　　［46］蒋俊明：《西方生态现代化理论的产生及对我国的借鉴》，《农业现代化研究》2007 年第 4 期，第 462-466 页。

　　［47］蒋清海：《中国区域经济分析》，重庆出版社 1990 年版。

　　［48］金乐琴、张红霞：《可持续发展战略实施中中央与地方政府的博弈行为》，《经济理论与经济管理》2005 年第 12 期，第 11-15 页。

　　［49］孔繁德、王连龙、谭海霞、赵忠宝：《〈中国现代化报告 2007——生态现代化研究〉述评》，《中国环境管理干部学院学报》2007 年第 3 期，第 1-5 页。

　　［50］寇坡、韩颖、王佛尘：《公众参与、政企合谋与环境污染——互联网的调节作用》，《东北大学学报（社会科学版）》2023 年第 25 卷第 1 期，第 47-54 页。

　　［51］郎友兴、周津象：《地方政府与中国乡村的可持续发展——以浙江省横店镇可持续发展实验区为个案》，《中国人口·资源与环境》2007 年第 17 卷第 4 期，第 134-139 页。

　　［52］雷华：《规制经济学理论研究综述》，《当代经济科学》2003 年第 6 期，第 84-88、第 92 页。

　　［53］李钢：《公共政策内容分析方法：理论与应用》，重庆大学出版社 2007 年版。

［54］李国迎、王晓峰、李伟清等：《中国西部城市生态工业系统构建——以乌鲁木齐市为例》，《安徽农业科学》2009 年第 37 卷第 16 期，第7726-7727、第 7730 页。

［55］李健：《规制俘获理论评述》，《社会科学管理与评论》2012 年第 1期，第 92-97 页。

［56］李社增、种项谭：《选择和培育新的经济增长点——基于循环经济的思考》，《改革与战略》2011 年第 27 卷第 5 期，第 37-39 页。

［57］李伟、贺灿飞：《中国出口产业的空间格局演变》，《经济地理》2017 年第 37 卷第 3 期，第 96-105 页。

［58］李伟伟：《我国环境治理政策的绩效与北京市 PM2.5 治理政策分析》，《科技管理研究》2015 年第 35 卷第 23 期，第 211-215 页。

［59］李想、周定财：《地方政府生态责任的缺失与重构——以连云港市为例》，《决策咨询》2017 年第 4 期，第 91-96 页。

［60］李项峰：《环境规制的范式及其政治经济学分析》，《暨南学报（哲学社会科学版）》2007 年第 2 期，第 47-52 页。

［61］李晓西：《中国经济的发展阶段研究》，《中央财经大学学报》2007年第 3 期，第 50-56 页。

［62］梁炜、任保平：《中国经济发展阶段的评价及现阶段的特征分析》，《数量经济技术经济研究》2009 年第 26 卷第 4 期，第 3-18 页。

［63］梁莹：《可持续发展中的地方政府生态管理：困境、演进与展拓》，《探索》2013 年第 1 期，第 70-75 页。

［64］林丹：《从生态规制到生态议程：生态现代化理论的实践模式演进》，《理论与改革》2016 年第 3 期，第 107-112 页。

［65］刘慧：《区域差异测度方法与评价》，《地理研究》2006 年第 25 卷第 4 期，第 710-718 页。

［66］刘晶茹、严玉廷、聂鑫蕊等：《生命周期方法在产业共生系统环境效益评价中的应用——研究进展及问题分析》，《生态学报》2016年第36卷第22期，第7202-7207页。

［67］刘琼、高冉、欧名豪：《基于内容分析法的土地利用总体规划目标偏好研究》，《中国人口·资源与环境》2017年第27卷第4期，第16-22页。

［68］刘伟：《内容分析法在公共管理学研究中的应用》，《中国行政管理》2014年第6期，第93-98页。

［69］刘长松：《欧洲绿色城市主义：理论、实践与启示》，《国外社会科学》2017年第1期，第87-94页。

［70］卢青：《区域环境协同治理内涵及实现路径研究》，《理论视野》2020年第2期，第59-64页。

［71］鲁铭、孙卫东：《经济发展阶段演进视角下区域经济可持续发展路径研究》，《科技管理研究》2012年第32卷第15期，第13-17页。

［72］陆大道、樊杰：《区域可持续发展研究的兴起与作用》，《中国科学院院刊》2012年第27卷第3期，第290-300页。

［73］罗来军、朱善利、邹宗宪：《我国新能源战略的重大技术挑战及化解对策》，《数量经济技术经济研究》2015年第32卷第2期，第113-128、第143页。

［74］骆玉葭：《关于环境意识的经济学分析》，《环境保护》1998年第8期，第28-29页。

［75］吕守军、沈星迟、张晓敏：《中国PM2.5治理困局及对策研究——基于环境规制理论视角的分析》，《上海交通大学学报（哲学社会科学版）》2015年第23卷第6期，第50-59页。

［76］马丁·耶内克、克劳斯·雅各布等：《全球视野下的环境管治：生态与政治现代化的新方法》，山东大学出版社2012年版。

［77］马光荣、郭庆旺、刘畅：《财政转移支付结构与地区经济增长》，《中国社会科学》2016 年第 9 期，第 105-125、第 207-208 页。

［78］马冉：《对欧盟环境政策的法律思考》，《河南大学学报（社会科学版）》2004 年第 44 卷第 1 期，第 109-112 页。

［79］迈克尔·波特：《国家竞争优势》，中信出版社 2012 年版。

［80］孟庆国、魏娜、田红红：《制度环境、资源禀赋与区域政府间协同——京津冀跨界大气污染区域协同的再审视》，《中国行政管理》2019 年第 5 期，第 109-115 页。

［81］宓泽锋、曾刚：《不同尺度下长江经济带物流联系格局、特征及影响因素研究》，《地理科学》2018 年第 38 卷第 7 期，第 1079-1088 页。

［82］彭惜君：《联合国可持续发展指标体系的发展》，《四川省情》2004 年第 12 期，第 32-33 页。

［83］彭昱：《经济增长背景下的环境公共政策有效性研究——基于省际面板数据的实证分析》，《财贸经济》2013 年第 34 卷第 4 期，第 16-23 页。

［84］齐红倩、王志涛：《我国污染排放差异变化及其收入分区治理对策》，《数量经济技术经济研究》2015 年第 32 卷第 12 期，第 57-72、第 141 页。

［85］齐元静、杨宇、金凤君：《中国经济发展阶段及其时空格局演变特征》，《地理学报》2013 年第 68 卷第 4 期，第 517-531 页。

［86］强永昌：《环境标准的经济效应与国际贸易》，《经济学动态》2002 年第 7 期，第 27-30 页。

［87］乔永璞、储成君：《庇古税改革、可耗竭资源配置与经济增长》，《经济与管理研究》2018 年第 39 卷第 2 期，第 19-30 页。

［88］邱桂杰、齐贺：《政府官员效用视角下的地方政府环境保护动力分析》，《吉林大学社会科学学报》2011 年第 51 卷第 4 期，第 153-158 页。

[89] 仇保兴、李东红、吴志强：《中国绿色建筑空间演化特征研究》，《城市发展研究》2017 年第 24 卷第 7 期，第 1-10 页。

[90] 冉冉：《"压力型体制"下的政治激励与地方环境治理》，《经济社会体制比较》2013 年第 3 期，第 111-118 页。

[91] 任丙强：《地方政府环境政策执行的激励机制研究：基于中央与地方关系的视角》，《中国行政管理》2018 年第 6 期，第 129-135 页。

[92] 任丙强：《生态文明建设视角下的环境治理：问题、挑战与对策》，《政治学研究》2013 年第 5 期，第 64-70 页。

[93] 尚勇敏、鲁春阳、曾刚：《区域经济发展模式的阶段适用性研究》，《经济问题探索》2015 年第 9 期，第 80-87 页。

[94] 尚勇敏：《中国区域经济发展模式的演化》，华东师范大学，2015 年。

[95] 沈洪涛、周艳坤：《环境执法监督与企业环境绩效：来自环保约谈的准自然实验证据》，《南开管理评论》2017 年第 20 卷第 6 期，第 73-82 页。

[96] 沈静、魏成：《环境管制影响下的佛山陶瓷产业区位变动机制》，《地理学报》2012 年第 67 卷第 4 期，第 467-478 页。

[97] 沈坤荣、金刚：《中国地方政府环境治理的政策效应——基于"河长制"演进的研究》，《中国社会科学》2018 年第 5 期，第 92-115、第 206 页。

[98] 舒绍福：《绿色发展的环境政策革新：国际镜鉴与启示》，《改革》2016 年第 3 期，第 102-109 页。

[99] 宋琳、吕杰：《基于 Theil 指数的中国环境规制强度区域差异测度》，《山东社会科学》2017 年第 7 期，第 140-144 页。

[100] 宋永昌、戚仁海、由文辉等：《生态城市的指标体系与评价方法》，《城市环境与城市生态》1999 年第 5 期，第 16-19 页。

［101］孙蕾、李伟：《建立公众生态观念以实现生态现代化的途径探讨》，《青海社会科学》2012 年第 4 期，第 42-45、第 135 页。

［102］孙克、徐中民：《基于地理加权回归的中国灰水足迹人文驱动因素分析》，《地理研究》2016 年第 35 卷第 1 期，第 37-48 页。

［103］锁利铭：《区域战略化、政策区域化与大气污染协同治理组织结构变迁》，《天津行政学院学报》2020 年第 22 卷第 4 期，第 55-68 页。

［104］陶爱萍、刘志迎：《国外政府规制理论研究综述》，《经济纵横》2003 年第 6 期，第 60-63 页。

［105］滕堂伟、翁玲玲、韦素琼：《中国文化产业发展的区域差异》，《经济地理》2014 年第 34 卷第 7 期，第 97-102 页。

［106］万建香、梅国平：《社会资本可否激励经济增长与环境保护的双赢?》，《数量经济技术经济研究》2012 年第 29 卷第 7 期，第 61-75 页。

［107］万建香：《基于环境政策规制绩效的波特假说验证——以江西省重点调查产业为例》，《经济经纬》2013 年第 1 期，第 115-119 页。

［108］万劲波、叶文虎：《地方政府推进区域可持续发展能力建设的思考》，《中国软科学》2005 年第 3 期，第 8-17 页。

［109］王芳、李宁：《基于马克思主义群众观的生态治理公众参与研究》，《生态经济》2018 年第 34 卷第 7 期，第 221-226 页。

［110］王丰龙、曾刚：《长江经济带研究综述与展望》，《世界地理研究》2017 年第 26 卷第 2 期，第 62-71 页。

［111］王康：《基于 IPAT 等式的甘肃省用水影响因素分析》，《中国人口·资源与环境》2011 年第 21 卷第 6 期，第 148-152 页。

［112］王琨、闫伟：《从贫困到富裕的跨越——经济发展阶段理论的研究进展》，《当代经济管理》2017 年第 39 卷第 12 期，第 8-15 页。

［113］王帅、马杰华、李正辉：《政府环境关注度对城市土地资源配置

效率的影响》，《经济地理》2022年第42卷第12期，第186-193页。

　　[114] 王永刚、王旭、孙长虹等：《IPAT及其扩展模型的应用研究进展》，《应用生态学报》2015年第26卷第3期，第949-957页。

　　[115] 王玉娟、杨山、吴连霞：《多元主体视角下城市人居环境需求异质性研究——以昆山经济技术开发区为例》，《地理科学》2018年第38卷第7期，第1156-1164页。

　　[116] 王玉君、韩冬临：《经济发展、环境污染与公众环保行为——基于中国CGSS2013数据的多层分析》，《中国人民大学学报》2016年第30卷第2期，第79-92页。

　　[117] 魏进平：《基于区域创新系统的经济发展阶段划分与定量判断——以河北省为例》，《科学学与科学技术管理》2008年第29卷第8期，第198-200页。

　　[118] 沃特·德·诺伊、安德烈·姆尔瓦、弗拉迪米尔·巴塔盖尔吉：《蜘蛛：社会网络分析技术》，林枫译，世界图书出版公司2014年版，第238-245页。

　　[119] 吴鸣然、赵敏：《中国不同区域可持续发展能力评价及空间分异》，《上海经济研究》2016年第10期，第84-92页。

　　[120] 吴泽宁、郭瑞丽：《区域生态经济系统可持续发展评价的能值三元相图法》，《数学的实践与认识》2013年第43卷第18期，第1-7页。

　　[121] 肖兴志：《规制经济理论的产生与发展》，《经济评论》2002年第3期，第67-69页。

　　[122] 肖炎舜：《中国经济发展的阶段性与财政政策调控》，《财政研究》2017年第1期，第2-16页。

　　[123] 谢敏、赵红岩、朱娜娜等：《浙江省第三产业空间集聚特征与成因》，《经济地理》2015年第35卷第9期，第96-102页。

［124］谢锐、陈严、韩峰等:《新型城镇化对城市生态环境质量的影响及时空效应》,《管理评论》2018 年第 30 卷第 1 期,第 230-241 页。

［125］徐中民、程国栋、邱国玉:《可持续性评价的 ImPACTS 等式》,《地理学报》2005 年第 60 卷第 2 期,第 198-208 页。

［126］许阳、王琪、孔德意:《我国海洋环境保护政策的历史演进与结构特征——基于政策文本的量化分析》,《上海行政学院学报》2016 年第 17 卷第 4 期,第 81-91 页。

［127］郇庆治:《21 世纪以来的西方生态资本主义理论》,《马克思主义与现实》2013 年第 2 期,第 108-128 页。

［128］郇庆治、马丁·耶内克:《生态现代化理论:回顾与展望》,《马克思主义与现实》2010 年第 1 期,第 175-179 页。

［129］杨锋、邢立强、刘春青等:《ISO37120 城市可持续发展指标体系国际标准解读》,《中国经贸导刊》2014 年第 29 期,第 24-27、第 28 页。

［130］杨宏山、石晋昕:《跨部门治理的制度情境与理论发展》,《湘潭大学学报(哲学社会科学版)》2018 年第 42 卷第 3 期,第 12-17 页。

［131］杨骞、刘华军:《中国二氧化碳排放的区域差异分解及影响因素——基于 1995—2009 年省际面板数据的研究》,《数量经济技术经济研究》2012 年第 29 卷第 5 期,第 36-49、第 148 页。

［132］杨卡:《大北京人口分布格局与多中心性测度》,《中国人口·资源与环境》2015 年第 25 卷第 2 期,第 83-89 页。

［133］杨舒婷:《中国环境规制区域差异及其对生态创新的影响研究》,华东师范大学,2018 年。

［134］杨雪杰:《发展节能环保产业促进经济转型升级——访国务院发展研究中心资源与环境政策研究所副所长李佐军》,《环境保护》2013 年第 41 卷第 21 期,第 98-99 页。

［135］杨志军、耿旭、王若雪：《环境治理政策的工具偏好与路径优化——基于 43 个政策文本的内容分析》，《东北大学学报（社会科学版）》2017 年第 19 卷第 3 期，第 276-283 页。

［136］杨志军、肖贵秀：《环保专项行动：基于运动式治理的机制与效应分析》，《甘肃行政学院学报》2018 年第 1 期，第 59-70、第 127 页。

［137］尹艳冰、吴文东：《循环经济条件下政府环境政策的博弈分析》，《华东经济管理》2009 年第 23 卷第 5 期，第 25-29 页。

［138］余伟、陈强：《"波特假说" 20 年——环境规制与创新、竞争力研究述评》，《科研管理》2015 年第 36 卷第 5 期，第 65-71 页。

［139］余振、黄平、龚惠文：《绿色机会窗口与后发城市可持续性转型》，《中国人口·资源与环境》2022 年第 32 卷第 6 期，第 94-103 页。

［140］俞海滨：《改革开放以来我国环境治理历程与展望》，《毛泽东邓小平理论研究》2010 年第 12 期，第 25-28 页。

［141］俞雅乖、张芳芳：《环境保护中政府规制对企业绩效的影响：基于波特假说的分析》，《生态经济》2016 年第 32 卷第 1 期，第 99-101、第 134 页。

［142］曾冰、郑建锋、邱志萍：《环境政策工具对改善环境质量的作用研究——基于 2001—2012 年中国省际面板数据的分析》，《上海经济研究》2016 年第 5 期，第 39-46 页。

［143］曾刚、尚勇敏、司月芳：《中国区域经济发展模式的趋同演化——以中国 16 种典型模式为例》，《地理研究》2015 年第 34 卷第 11 期，第 2005-2020 页。

［144］张波：《政府规制理论的演进逻辑与善治政府之生成》，《求索》2010 年第 8 期，第 62-64 页。

［145］张成、陆肠、郭路等：《环境规制强度和生产技术进步》，《经济

研究》2011 年第 46 卷第 2 期，第 113-124 页。

［146］张红凤、杨慧：《规制经济学沿革的内在逻辑及发展方向》，《中国社会科学》2011 年第 6 期，第 56-66 页。

［147］张红凤：《利益集团规制理论的演进》，《经济社会体制比较》2006 年第 1 期，第 56-63 页。

［148］张虎、周迪：《创新价值链视角下的区域创新水平地区差距及趋同演变——基于 Dagum 基尼系数分解及空间 Markov 链的实证研究》，《研究与发展管理》2016 年第 28 卷第 6 期，第 48-60 页。

［149］张华明、范映君、高文静等：《环境规制促进环境质量与经济协调发展实证研究》，《宏观经济研究》2017 年第 7 期，第 135-148 页。

［150］张健：《不同经济发展阶段区域经济发展差异比较》，《中国人口·资源与环境》2009 年第 19 卷第 6 期，第 148-153 页。

［151］张萍、农麟、韩静宇：《迈向复合型环境治理——我国环境政策的演变、发展与转型分析》，《中国地质大学学报（社会科学版）》2017 年第 17 卷第 6 期，第 105-116 页。

［152］张卫东、汪海：《我国环境政策对经济增长与环境污染关系的影响研究》，《中国软科学》2007 年第 12 期，第 32-38 页。

［153］张艳东、赵涛：《基于泰尔指数的能源消费区域差异研究》，《干旱区资源与环境》2015 年第 29 卷第 6 期，第 14-19 页。

［154］张跃、朱芳草：《探索可持续发展的新思路——地方政府短期行为和地方保护主义下社会福利损失的一个模型分析》，《河北经贸大学学报》2010 年第 31 卷第 21 期，第 48-51 页。

［155］张学波、于伟、张亚利等：《京津冀地区经济增长的时空分异与影响因素》，《地理学报》2018 年第 73 卷第 10 期，第 1985-2000 页。

［156］张中华、张沛：《西部欠发达山区绿色产业经济发展模式及有效

路径》,《社会科学家》2015 年第 10 期, 第 66-70 页。

［157］赵霄伟:《环境规制、环境规制竞争与地区工业经济增长——基于空间 Durbin 面板模型的实证研究》,《国际贸易问题》2014 年第 7 期, 第 82-92 页。

［158］郑艳、翟建青、武占云等:《基于适应性周期的韧性城市分类评价——以我国海绵城市与气候适应型城市试点为例》,《中国人口·资源与环境》2018 年第 28 卷第 3 期, 第 31-38 页。

［159］钟兴菊、龙少波:《环境影响的 IPAT 模型再认识》,《中国人口·资源与环境》2016 年第 26 卷第 3 期, 第 61-68 页。

［160］周海林、黄晶:《论地方政府在地方可持续发展中的作用》,《软科学》2000 年第 14 卷第 1 期, 第 21-24 页。

［161］周学:《经济发展阶段理论的最新进展及其启示》,《经济学动态》1994 年第 5 期, 第 46-50 页。

［162］朱浩、傅强、魏琪:《地方政府环境保护支出效率核算及影响因素实证研究》,《中国人口·资源与环境》2014 年第 24 卷第 6 期, 第 91-96 页。

［163］朱明、谭芝灵:《西方政府规制理论综述——兼谈金融危机下我国规制改革建议》,《华东经济管理》2010 年第 24 卷第 10 期, 第 134-137 页。

［164］朱钰、吴小华:《基于采购经理指数的美国经济发展阶段研究》,《统计与决策》2014 年第 1 期, 第 113-115 页。

［165］朱志敏:《青山绿水渐成海外引才"金名片"》,《中国人才》2013 年第 17 期, 第 23-25 页。

［166］庄锶锶、李春林: 《美国环境公民诉讼的起源、构造和功能》,《深圳大学学报(人文社会科学版)》2017 年第 34 卷第 3 期, 第 101-

105 页。

［167］Alpay E. , Buccola S. , Kerkvliet J. , 2002, "Productivity growth and environmental regulation in Mexican and U. S. food manufacturing", American Journal of Agricultural Economics, 84 (4) , pp. 887-901.

［168］Ambec S. , Cohen M. A. , Elgie S. , et al, 2013, "The Porter Hypothesis at 20: Can environmental regulation enhance innovation and competitiveness?", Review of Environmental Economics & Policy, 7 (1) , pp. 2-22.

［169］Andersson I. , 2016, " 'Green cities' going greener? Local environmental policy-making and place branding in the 'Greenest City in Europe' ", European Planning Studies, 24 (6) , pp. 1197-1215.

［170］Arrow K. J. , Dasgupta P. , Mäler K. G. , 2003, "Evaluating projects and assessing sustainable development in imperfect economies", Environmental & Resource Economics, 26 (4) , pp. 647-685.

［171］Bae J. , Feiock R. , 2013, "Forms of government and climate change policies in US cities", Urban Studies, 50 (4) , pp. 776-788.

［172］Bai X. , 2007, "Integrating global environmental concerns into urban management: The scale and readiness arguments", Journal of Industrial Ecology, 11, pp. 15-29.

［173］Barberá-Tomás D. , Consoli D. , 2012, "Whatever works: Uncertainty and technological hybrids in medical innovation", Technological Forecasting & Social Change, 79 (5) , pp. 932-948.

［174］Barbieri N. , Ghisetti C. , Gilli M. , et al, 2016, "A Survey of the literature on environmental innovation based on main path analysis", Journal of Economic Surveys, 30 (3) , pp. 596-623.

［175］Bastianoni S. , Pulselli R. M. , Pulselli F. M. , 2009, "Models of withdrawing renewable and non-renewable resources based on Odum's Energy Systems Theory and Daly's Quasi-Sustainability Principle", Ecological Modelling, 220 (16), pp. 126-130.

[176] Beatley T., 2000, "Green urbanism: Learning from European cities", Landscape & Urban Planning, 51 (1), pp. 64-65.

[177] Berke P. R., Conroy M. M., 2000, "Are we planning for sustainable development? An evaluation of 30 comprehensive plans", Journal of the American Planning Association, 66 (1), pp. 21-33.

[178] Berke P. R., Macdonald J., White N., et al., 2003, "Greening development to protect watersheds: Does new urbanism make a difference?", Journal of the American Planning Association, 69 (4), pp. 397-413.

[179] Berman E., Bui L. T. M., 2001, "Environmental regulation and productivity: Evidence from oil refineries", Review of Economics and Statistics, 83 (3), pp. 498-510.

[180] Berry J. M., Portney K. E., 2013, "Sustainability and interest group participation in city politics", Sustainability, 5 (5), pp. 2077-2097.

[181] Bovenberg A. L., Smulders S. A., 1996, "Transitional impacts of environmental policy in an Endogenous Growth Model", International Economic Review, 37 (4), pp. 861-893.

[182] Bulkeley H., Castan Broto V., Maassen, A., 2014, "Low-carbon transitions and the reconfiguration of urban infrastructure", Urban Studies, 51 (7), pp. 1471-1486.

[183] Campbell S., 1996, "Green cities, growing cities, just cities? Urban planning and the contradictions of sustainable development", Journal of the American Planning Association, 62 (3), pp. 296-312.

［184］Christoff P. , 2007, "Ecological Modernization, Ecological Modernities", Environmental Politics, 5 (3), pp. 476-500.

［185］Clark W. C. , 2003, "Urban environments: Battlegrounds for global sustainability", Environment, 45 (1), p. 1.

［186］Combes P. P. , Mayer T. , Thisse J. F. , 2008, Economic geography: The integration of regions and nations, Princeton University Press, pp. 263-265.

［187］Conroy M. M. , Berke P. R. , 2004, "What makes a good sustainable development plan? An analysis of factors that influence principles of sustainable development", Environment & Planning A, 36 (8), pp. 1381-1396.

［188］Conroy M. M. , 2006, "Moving the Middle ahead: Challenges and opportunities of sustainability in Indiana, Kentucky, and Ohio", Journal of Planning Education & Research, 26 (1), pp. 18-27.

［189］Consoli D. , Ramlogan R. , 2008, "Out of sight: Problem sequences and epistemic boundaries of medical know-how on glaucoma", Journal of Evolutionary Economics, 18 (1), pp. 31-56.

［190］Daly H. E. , 1990, "Toward some operational principles of sustainable development", Ecological Economics, 2 (1), pp. 1-6.

［191］Davies A. R. , Mullin S. J. , 2011, "Greening the economy: Interrogating sustainability innovations beyond the mainstream", Journal of Economic Geography, (11), pp. 793-816.

［192］Dempsey N. , Brown C. , Bramley G. , 2012, "The key to sustainable urban development in UK cities? The influence of density on social sustainability", Progress in Planning, 77 (3), pp. 89-141.

［193］Dietz T. , Rosa E. A. , 1994, "Rethinking the environmental impacts of population, affluence and technology", Human Ecology Review, 1, pp. 277-300.

[194] Domazlicky B. R., Weber W. L, . 2004, "Does environmental protection lead to slower productivity growth in the chemical industry?", Environmental & Resource Economics, 28 (3), pp. 301-324.

[195] Economist Intelligence Unit, 2011, "Asian Green City Index-Assessing the environmental performance of Asia's major cities", Munich: Siemens AG.

[196] Ehrlich P. R., Holdren J. P., 1971, "Impact of population growth", Science, 171 (3977), pp. 1212-1217.

[197] Elíasson L., Turnovsky S. J., 2003, "Renewable resources in an endogenously growing economy: Balanced growth and transitional dynamics", Journal of Economic Growth, 115 (6), pp. 213-241.

[198] Epicoco M., 2013, "Knowledge patterns and sources of leadership: Mapping the semiconductor miniaturization trajectory", Research Policy, 42 (1), pp. 180-195.

[199] Feiock R. C., Krause R. M., Hawkins C. V., et al., 2014, "The Integrated City Sustainability Database", Urban Affairs Review, 50 (4), pp. 577-589.

[200] Feldman T. D., Jonas A. E. G., 2000, "Sage scrub revolution? Property rights, political fragmentation and conservation planning in Southern California under the Federal Endangered Species Act", Annals of the Association of American Geographers, 90 (2), pp. 256-292.

[201] Gao C. K., Wang D., Cai J. J., et al., 2010, "Scenario analysis on economic growth and environmental load in China", Procedia Environmental Sciences, 2 (6), pp. 1335-1343.

[202] Giannetti B. F., Almeida C. M. V. B., Bonilla S. H., 2010, "Compa-

ring emergy accounting with well-known sustainability metrics: The case of Southern Cone Common Market, Mercosur", Energy Policy, 38 (7), pp. 3518-3526.

[203] Giannetti B. F. , Barrella F. A. , Almeida C. M. V. B. , 2006, "A combined tool for environmental scientists and decision makers: Ternary diagrams and emergy accounting", Journal of Cleaner Production, 14 (2), pp. 201-210.

[204] Gibbs D. C. , Jonas A. E. G. , 2000, "Governance and regulation in local environmental policy: The utility of a regime approach", Geoforum, 31 (3), pp. 299-313.

[205] Gibbs D. C. , Longhurst J. , Braithwaite C. , 1998, "Struggling with sustainability: Weak and strong interpretations of sustainable development within local authority policy", Environment & Planning A, 30 (8), pp. 1351-1365.

[206] Gollop F. M. , Roberts M. J. , 1983, "Environmental regulations and productivity growth: The case of fossil-fuelled electric power generation", Journal of Political Economy, 91 (4), pp. 654-674.

[207] Goodland R. , 1995, "The concept of environmental sustainability", Annual Review of Ecology & Systematics, 26 (1), pp. 1-24.

[208] Gray W. B. , Shadbegian R. J. , 1998, "Environmental regulation investment timing, and technology choice", Journal of Industrial Economics, 46 (2), pp. 235-256.

[209] Gray W. B. , Shadbegian R. J. , 1994, Pollution abatement costs, regulation, and plant-level productivity, Working Papers 94-14, Center for Economic Studies, U. S. Census Bureau.

[210] Hams T. , Morphet J. , 1997, "Agenda 21 and towards sustainability: The EU approach to Rio", European Information Service, 147, pp. 3-7.

[211] Hansen B. E. , 2000, "Sample splitting and threshold estimation",

Econometrica, 68 (3), pp. 575-603.

［212］Hawkins C. V. , Krause R. M. , Feiock R. C. , et al. , 2016, "Making meaningful commitments: Accounting for variation in cities' investments of staff and fiscal resources to sustainability", Urban Studies, 53 (9), pp. 1902-1924.

［213］Heilmann S. , Perry E. J. , 2011, Embracing uncertainty: Guerrilla policy style and adaptive governance in China, in Heilmann S. and Perry E. J. , (eds.), Mao's invisible hand: Political foundations of adaptive governance in China, Cambridge MA: Harvard University Press.

［214］Hofstetter P. , Braunschweig A. , Mettier T. , et al. , 2010, "The mixing triangle: Correlation and graphical decision support for LCA-based comparisons", Journal of Industrial Ecology, 3 (4), pp. 97-115.

［215］Holdren J. P. , Ehrlich P. R. , Daily G. C. , 1995, The meaning of sustainability: Biogeophysical aspects, in Munasingha M. , Shearer W. , (Eds.), Defining and Measuring Sustainability, Washington DC: The World Bank.

［216］Homsy G. C. , Warner M. E. , 2015, "Cities and sustainability:Polycentric action and multilevel governance", Urban Affairs Review, 51 (1), pp. 46-73.

［217］Hsu A. et al. , 2016, 2016 Environmental Performance Index, New Haven, CT: Yale University.

［218］Hummon N. P. , Dereian P. , 1989, "Connectivity in a citation network: The development of DNA theory", Social Networks, 11 (1), pp. 39-63.

［219］IPCC, "IPCC fifth assessment report", 2014, http: //www. ipcc. ch/report/ar5/.

［220］Isoard S. , Soria A. , 2001, "Technical change dynamics: evidence from the emerging renewable energy technologies", Energy Economics, 23 (6), pp. 619–636.

[221] Jaffe A. B., Palmer K., 1997, "Environmental regulation and innovation: A panel data study", Review of Economics and Statistics, 79 (4), pp. 610–619.

[222] Jaffe A. B., Peterson S. R., Portney P. R., et al., 1995, "Environmental regulation and international competitiveness: What does the evidence tell us?", Journal of Economic Literature, 33 (1), pp. 132–163.

[223] Jepson E. J., 2004, "The adoption of sustainable development policies and techniques in U. S. cities: How wide, how deep, and what role for planners?", Journal of Planning Education & Research, 23 (3), pp. 229–241.

[224] Ji H., 2016, Assessing local governments' sustainability strategies, Phoenix: Arizona State University.

[225] Joshi S., Krishnan R., Lave L., 2001, "Estimating the hidden costs of environmental regulation", Accounting Review, 76 (2), pp. 171–198.

[226] Kennedy D., Stocker L., Burke G., 2010, "Australian local government action on climate change adaption: Some critical reflections to assist decision-making", Local Environment, 15 (9–10), pp. 805–816.

[227] Krause R. M., 2012, "Political decision-making and the local provision of public goods: The case of municipal climate protection in the US", Urban Studies, 49 (11), pp. 2399–2417.

[228] Krause R. M., 2011, "Policy innovation, intergovernmental relations, and the adoption of climate protection initiatives by US cities", Journal of Urban Affairs, 33, pp. 45–60.

[229] Krutilla J. V., 1967, "Conservation reconsidered", American Eco-

nomic Review, 57 (4), pp. 777-786.

[230] Kwon M., Jang H. S., Feiock R. C., 2014, "Climate protection and energy sustainability policy in California cities: What have we learned?", Journal of Urban Affairs, 36 (5), pp. 905-924.

[231] Lanoie P., Lucchetti J., Johnstone N., et al., 2011, "Environmental policy, innovation and performance: New insights on the Porter Hypothesis", Journal of Economics and Management Strategy, 20 (3), pp. 803-842.

[232] Lanoie P., Patry M., Lajeunesse R., 2008, "Environmental regulation and productivity: Testing the Porter Hypothesis", Journal of Productivity Analysis, 30 (2), pp. 121-128.

[233] Li F., Liu X., Hu D., et al., 2009, "Measurement indicators and an evaluation approach for assessing urban sustainable development: A case study for China's Jining City", Landscape & Urban Planning, 90 (3 - 4), pp. 134-142.

[234] Ligthart J. E., Ploeg F. V. D., 1994, "Pollution, the cost of public funds and endogenous growth", Economics Letters, 46 (4), pp. 339-349.

[235] Loorbach D., Rotmans J., 2010, "The practice of transition management: Examples and lessons from four distinct cases", Futures, 42 (3), pp. 237-246.

[236] Lozano R., 2006, "A tool for a Graphical Assessment of Sustainability in Universities (GASU) ", Journal of Cleaner Production, 14 (9), pp. 963-972.

[237] Lubell M., Feiock R. C., Ramirez de la Cruz E. E., 2009, "Local institutions and the politics of urban growth", American Journal of Political Science, 53 (3), pp. 649-665.

［238］Lubell M. , Feiock R. C. , Ramirez de la Cruz E. E. , 2005, "Political institutions and conservation by local governments", Urban Affairs Review, 40 (6), pp. 706-729.

［239］Lubell M. , Feiock R. , Handy S. , 2009, "City adoption of environmentally sustainable policies in California's Central Valley", Journal of the American Planning Association, 75 (3), pp. 293-308.

［240］Macho-Stadler I. , 2008, "Environmental regulation: Choice of instruments under imperfect compliance", Spanish Economic Review, 10 (1), pp. 1-21.

［241］Marcuse P. , 1998, "Sustainability is not enough", Environment & Urbanization, 10 (2), pp. 103-112.

［242］Martinelli A. , Nomaler O. , 2014, "Measuring knowledge persistence: A genetic approach to patent citation networks", Journal of Evolutionary Economics, 24 (3), pp. 623-652.

［243］McCormick K. , Anderberg S. , Coenen L. , Neij L. , 2013, "Advancing sustainable urban transformation", Journal of Cleaner Production, 50, pp. 1-11.

［244］Mega V. , 1996, "Our city, our future: towards sustainable development in European cities", Environment & Urbanization, 8 (1), pp. 133-154.

［245］Mina A. , Ramlogan R. , Tampubolon G. , et al. , 2007, "Mapping evolutionary trajectories: Applications to the growth and transformation of medical knowledge", Research Policy, 36 (5), pp. 789-806.

［246］Moldan B. , JanouškováS, Hák T. , 2012, "How to understand and measure environmental sustainability: Indicators and targets", Ecological Indicators, 17, pp. 4-13.

［247］Morduch J., Sicular T., 2002, "Rethinking inequality decomposition, with evidence from rural China", Economic Journal, 112 (476), pp. 93–106.

［248］Neuman M., 2005, "The compact city fallacy", Journal of Planning Education & Research, 25 (1), pp. 11–26.

［249］OECD Environment Ministers, 2001, Environmental strategy for the First Decade of the 21st Century, Paris: OECD.

［250］Page T., 1977, Conservation and economic efficiency: An approach to materials policy, Baltimore & London: The Johns Hopkins Press.

［251］Porter M. E., Van der Linde C., 1995, "Toward a new conception of the environment – competitiveness relationship", Journal of Economic Perspectives, 9 (4), pp. 97–118.

［252］Porter M., 1991, "America's green strategy", Scientific American, 264 (4), pp. 192–246.

［253］Portney K. E., Berry J M., 2010, "Participation and the pursuit of sustainability in U. S. cities", Urban Affairs Review, 45 (3), pp. 119–139.

［254］Portney K. E., 2009, Sustainability in American cities: A comprehensive look at what cities are doing and why?, in Mazmanian D. A., Kraft M. E., (eds.), Toward sustainable communities, Cambridge, MA: MIT Press, pp. 227–254.

［255］Portney K. E., 2003, Taking sustainable cities seriously: Economic development, the environment, and quality of life in American cities, Cambridge, MA: MIT Press.

［256］Ramirez de la Cruz E. E., 2009, "Local political institutions and smart growth: An empirical study of the politics of compact development", Urban

Affairs Review, 45 (2), pp. 218-246.

[257] Rees W. E., 1992, "Ecological footprints and appropriated carrying capacity: What urban economics leaves out", Focus, 6 (2), pp. 121-130.

[258] Rees W., Wackernagel M., 1996, "Urban ecological footprints: Why cities cannot be sustainable—and why they are a key to sustainability", Environmental Impact Assessment Review, 16 (4-6), pp. 223-248.

[259] Rosenzweig C., Solecki W., Hammer S. A., et al., 2010, "Cities lead the way in climate-change action", Nature, 467 (7318), pp. 909-911.

[260] Roy M., 2009, "Planning for sustainable urbanisation in fast growing cities: Mitigation and adaptation issues addressed in Dhaka, Bangladesh", Habitat International, 33 (3), pp. 276-286.

[261] Saha D., Paterson R. G., 2008, "Local government efforts to promote the 'Three Es' of sustainable development: Survey in medium to large cities in the United States", Journal of Planning Education & Research, 28 (1), pp. 21-37.

[262] Satterthwaite D., 1997, "Environmental transformations in cities as they get larger, wealthier and better managed", Geographical Journal, 163 (2), pp. 216-224.

[263] Satterthwaite D., 1997, "Sustainable cities or cities that contribute to sustainable development?", Urban Studies, 34 (10), pp. 1667-1691.

[264] Schmidt-Bleek F., 2001, MIPS and ecological rucksacks in designing the future, in Ecodesign 2001: Second International Symposium on Environmentally Conscious Design and Inverse Manufacturing, IEEE Xplore, pp. 1-8.

[265] Schulze P. C., 2002, "I = PBAT", Ecological Economics, 40 (2), pp. 149-150.

［266］Sharp E. B. , Daley D. M. , Lynch M. S. , 2011, "Understanding local adoption and implementation of climate change mitigation policy", Urban Affairs Review, 47（3）, pp. 433-457.

［267］Shen L. Y. , Ochoa J. J. , Shah M. N. , et al. , 2011, "The application of urban sustainability indicators-A comparison between various practices", Habitat International, 35（1）, pp. 17-29.

［268］Strambach S. , Klement B. , 2013, "Exploring plasticity in the development path of the automotive industry in baden-würtemberg: The role of combinatorial knowledge dynamics", Zeitschrift für Wirtschaftsgeographie, 57, pp. 67-82.

［269］Strambach S. , Pflitsch G. , 2018, "Micro-dynamics in regional transition paths to sustainability-Insights from the Augsburg region", Applied Geography, 90, pp. 296-307.

［270］Sutton P. "A perspective on environmental sustainability? A paper for the Victorian Commissioner for environmental sustainability", 2004, http://www. green-innovations. asn. au/A-Perspective-on-Environmental-Sustainability. pdf.

［271］Tan Y. , Xu H. , Zhang X. , 2016, "Sustainable urbanization in China: A comprehensive literature review", Cities, 55, pp. 82-93.

［272］UN DESA. "2018 Revision of world urbanization prospects", 2018, https://www. un. org/development/desa/publications/2018-revision-of-world-urbanization-prospects. html.

［273］UNEP, 2009, Global Green New Deal-A update for the G20 Pittsburgh Summit, UNEP.

［274］Vallance S. , Perkins H. C. , Dixon J. E. , 2011, "What is social sustainability? A clarification of concepts", Geoforum, 42 (3), pp. 342–348.

[275] Viscusi W. K., Harrington JR. J. E., Vernon J. M., 2005, Economics of regulation and antitrust (4th Edition), The MIT Press.

[276] Waggoner P. E., Ausubel J. H., 2002, "A framework for sustainability science: A renovated IPAT identity", Proceedings of the National Academy of Sciences of the United States of America, 99 (12), pp. 7860–7865.

[277] Wang S., Wang J., Li S., et al., 2019, "Socioeconomic driving forces and scenario simulation of CO2 emissions for a fast-developing region in China", Journal of Cleaner Production, 216 (APR. 10), pp. 217–229.

[278] Wang X. H., Hawkins C., Berman E., 2014, "Financing sustainability and stakeholder engagement: Evidence from US cities", Urban Affairs Review, 50 (6), pp. 806–834.

[279] Wang X., Piesse J., 2012, "The micro-foundations of dual economy models", Manchester School, 81 (1), pp. 80–101.

[280] Wang X., Zhang T., Nathwani J., et al., 2022, "Environmental regulation, technology innovation, and low carbon development: Revisiting the EKC Hypothesis, Porter Hypothesis, and Jevons' Paradox in China's iron & steel industry", Technological Forecasting and Social Change, 176, p. 176.

[281] Wheeler S. M., 2000, "Planning for metropolitan sustainability", Journal of Planning Education & Research, 20 (2), pp. 133–145.

[282] While A., Jonas A. E. G., Gibbs D., 2004, "The environment and the entrepreneurial city: Searching for the urban 'sustainability fix' in Manchester and Leeds", International Journal of Urban & Regional Research, 28 (3), pp. 549–569.

[283] Wolch J., 2007, "Green urban worlds", Annals of the Association

of American Geographers, 97 (2), pp. 373-384.

[284] World Bank, 1994, Social indicators of development, Washington DC.

[285] World Bank, 1997, World development report 1997: The state in a changing world, New York: Oxford University Press.

[286] Wu J., Segerson K., Wang C., 2023, "Is environmental regulation the answer to pollution problems in urbanizing economies?" Journal of Environmental Economics and Management, 117, p. 102754.

[287] York R., Rosa E. A., Dietz T., 2003, "A rift in modernity? Assessing the anthropogenic sources of global climate change with the STIRPAT model", International Journal of Sociology & Social Policy, 23 (10), pp. 31-51.

[288] Zahran S., Grover H., Brody S. D., et al., 2008, "Risk, stress, and capacity: Explaining metropolitan commitment to climate protection", Urban Affairs Review, 43 (4), pp. 447-474.

附录1　主路径分析的文献列表

文献标识	主路径类型	研究方向	研究主题	研究对象	案例所属区域
96-Campbell	1	路径	综合可持续性	政府及相关	—
96-Maclaren	1	成效	综合可持续性	—	—
96-Mega	1	路径	环境可持续性	政府及相关	欧洲
97-Berg et al.	3	路径	综合可持续性	政府及相关	瑞典
97-Satterthwaite	2	内涵	环境可持续性	—	—
97-Satterthwaite	2	路径/成效	环境可持续性	政府及相关	—
98-Gibbs et al.	2	路径	环境可持续性	政府及相关	英国
98-Marcuse	2	内涵	综合可持续性	—	—
00-Berke et al.	1	内涵	综合可持续性	—	美国
00-Gibbs et al.	2	路径	环境可持续性	政府及相关	美国、英国
00-Jensen et al.	3	路径	环境可持续性	政府及相关	丹麦
00-Wheeler	2	内涵/路径	综合可持续性	政府及相关	美国（波特兰、旧金山）、加拿大（多伦多）
02-Berke	2	路径	环境可持续性	政府及相关	—
03-Berke et al.	2	成效	环境可持续性	—	美国（佐治亚州、马里兰州、北卡罗来纳州、南卡罗来纳州和弗吉尼亚州）
03-Murdoch et al.	2	路径	环境可持续性	民间组织	英国
03-Ong	3	成效	环境可持续性	—	中国（深圳）、新加坡

续表

文献标识	主路径 类型	研究方向	研究主题	研究对象	案例所属区域
04-Jepson	1	内涵/路径	环境可持续性	政府及相关	美国
04-While et al.	2	路径	环境可持续性	政府及相关	英国
05-Li et al.	3	路径	环境可持续性	政府及相关	中国（北京）
05-Neuman	2	路径/成效	环境可持续性	政府及相关	—
06-Conroy	1	内涵/路径	综合可持续性	政府及相关	美国（印第安纳州、 肯塔基州和俄亥俄州）
06-Gunder	2	内涵	综合可持续性	—	—
07-Wolch	2	路径	环境可持续性	政府及相关	美国（洛杉矶）
08-Saha et al.	1	路径	综合可持续性	政府及相关	美国
09-Li et al,	3	成效	综合可持续性	—	中国（济宁）
09-Lubell et al.	2	路径	环境可持续性	政府及相关	美国加州
09-Quastel	2	成效	环境可持续性	—	加拿大（温哥华）
09-Roy	2	路径	环境可持续性	政府及相关	孟加拉国（达卡）
10-Portney et al.	1	路径	综合可持续性	政府及相关	美国
11-Sharp et al.	1	路径	环境可持续性	政府及相关	美国
11-Shen et al.	2	成效	综合可持续性	—	墨尔本、中国香港、伊斯坎 达尔（乌兹别克斯坦）、 巴塞罗那、墨西哥城、 中国台北、新加坡、昌迪加尔 （印度）、浦那（印度）
11-Vallance et al.	2	内涵	社会可持续性	—	—
11-Zhang et al.	3	成效	综合可持续性	—	中国
12-Dempsey et al.	2	成效	综合可持续性	—	英国
12-Quastel et al.	3	成效	社会可持续性	—	加拿大（温哥华）
12-Shen et al.	2	成效	综合可持续性	—	中国（秦皇岛、马鞍山、 台州、乌海）
13-Bae et al.	1	路径	综合可持续性	政府及相关	美国
13-Davidson	3	路径	综合可持续性	政府及相关	澳大利亚（悉尼）
13-Lu et al.	3	成效	环境可持续性	—	中国（广东）
14-Feiock et al.	3	路径	综合可持续性	政府及相关	美国
14-Koch	3	路径	环境可持续性	综合	卡塔尔（多哈）
14-Kwon et al.	1	路径	环境可持续性	政府及相关	美国（加州）

续表

文献标识	主路径类型	研究方向	研究主题	研究对象	案例所属区域
14-Long et al.	3	成效	综合可持续性	—	中国（天津）
15-Koch	3	成效	环境可持续性	—	哈萨克斯坦（阿斯塔纳）、土库曼斯坦（阿什哈巴德）
15-Li et al.	3	成效	综合可持续性	—	中国（环渤海地区）
15-Marquet et al.	2	路径	—	—	西班牙（巴塞罗那）
15-Wang et al.	3	路径	综合可持续性	政府及相关	中国（香港）
16-Andersson	3	路径/成效	环境可持续性	政府及相关	瑞典（Växjö）
16-Jin et al.	3	路径	综合可持续性	政府及相关	西班牙（巴达霍斯）
16-Hawkins et al.	1	路径	环境可持续性	政府及相关	美国
16-Soria-Lara et al.	3	成效	—	—	西班牙（格拉纳达）
16-Tan et al.	3	路径	综合可持续性	综合	中国
17-Arranz-López et al.	3	路径	—	—	西班牙
17-Soria-Lara et al.	3	路径	—	—	西班牙（安达卢西亚）

注：在主路径类型一列，1代表标准主路径，2代表截断值主路径，3代表最长主路径。

附录2　长江经济带城市类型划分与政策发展方向

城市类型	政策发展方向	具体城市
T1 型	降低宜居环境政策比重加强绿色经济政策和生态社会政策	益阳市、亳州市、九江市、保山市、上饶市、宿迁市、湘潭市、广元市、达州市、巴中市、随州市、咸宁市、吉安市、铜陵市、荆州市、乐山市、孝感市、荆门市、鄂州市、雅安市、眉山市、遂宁市、宜昌市、自贡市、泸州市、内江市、攀枝花市
T2 型	维持宜居环境政策加强生态社会政策	张家界市、温州市、成都市、台州市、安顺市、舟山市、镇江市、合肥市
G1 型	维持绿色经济政策加强生态社会政策	湖州市、绍兴市、宁波市、扬州市、常德市、嘉兴市、永州市、池州市、盐城市、衡阳市、赣州市、连云港市、邵阳市、南昌市、宿州市、新余市、蚌埠市、岳阳市、毕节市、淮南市、宣城市、遵义市、六盘水市、十堰市、安庆市、宜春市、芜湖市、萍乡市、黄冈市、株洲市、马鞍山市、普洱市、阜阳市、昭通市、郴州市、玉溪市、六安市、娄底市、绵阳市、淮北市、抚州市、滁州市、鹰潭市、德阳市、广安市、曲靖市、宜宾市
G2 型	降低绿色经济政策比重加强宜居环境政策和生态社会政策	杭州市、南京市、贵阳市、武汉市、苏州市、黄山市、无锡市、常州市、重庆市、铜仁市、衢州市、南通市、淮安市、怀化市、徐州市、丽水市、泰州市
S1 型	维持生态社会政策加强绿色经济政策	金华市、景德镇市、黄石市、襄阳市、长沙市、南充市、资阳市、丽江市
S2 型	维持生态社会政策提高宜居环境政策	上海市、昆明市